ALBUM COSMOPOLITE.

SCEAUX, IMPRIMERIE DE E. DÉPÉE.

ALBUM
COSMOPOLITE

Seconde Édition.

CHOIX DE SUJETS, PAYSAGES, SCÈNES DE MŒURS, MARINES, ETC.

PAR LES PRINCIPAUX

ARTISTES DE L'EUROPE ET DE L'AMÉRIQUE

TEXTE

et Fac-simile d'Autographes de Souverains, Princes, Savants, Artistes, etc.

82 DESSINS. — **112** FAC-SIMILE D'AUTOGRAPHES. — TEXTE EXPLICATIF.

EXTRAITS DES COLLECTIONS

DE M. ALEXANDRE VETTEMARE.

Dans cette seconde édition se trouvent des Dessins et Autographes qui n'ont pas été publiés dans la première. Quelques-uns des Dessins et Autographes publiés dans la première édition n'ont pas été réimprimés dans celle-ci.

PARIS.

CHALLAMEL, ÉDITEUR, 13, RUE DE LA HARPE.

1848

Album Cosmopolite

INTRODUCTION.

Les idées les plus simples sont souvent fertiles en grands résultats, et celle que M. Alexandre Vattemare a poursuivie avec une constance si admirable, en atteignant son but, en offre une preuve éclatante. Son projet d'échange d'objets de science et d'art fixe dans ce moment l'attention générale, et mérite l'approbation de tous les gouvernements éclairés. Les avantages qui doivent en résulter sont faciles à prévoir, et un prochain avenir se chargera de justifier nos assertions. M. Alexandre Vattemare peut déjà entrevoir la réalisation de cette pensée féconde.

Ce grand projet a obtenu un tel succès parmi les artistes de tous les pays, que tous se sont empressés de fêter son auteur et ont voulu qu'en les quittant il emportât des témoignages de leurs sympathies. Des esquisses, croquis, dessins, peintures, autographes, compositions de tous genres, grossissaient journellement son bagage. Telle est l'origine du livre dont nous publions aujourd'hui la deuxième édition.

Dans cette précieuse collection, où les peintres, les dessinateurs et les sculpteurs les plus habiles sont venus déposer leur offrande, on admire plus d'un chef-d'œuvre. La plupart de ces compositions ne sont, il est vrai, que des sujets improvisés, des premières pensées jetées d'abandon et pour ainsi dire saisies au vol, mais on y découvre des élans de génie, l'artiste s'y fait voir à nu, sans accessoires, avec son laisser-aller et tout le sentiment de ses inspirations.

Ainsi se montrent Pickersgil, Lord Francis Egerton, Wach, Pienemann, Muller, Tolstoy et Sauerweid, Gros, Paul Delaroche, Raffet, Schelfout et à Schotel, Elsholtz, Gallait, Madou, le prince G. Gagarin, Schoppé, et à une foule d'autres artistes du premier ordre, tant de l'étranger, de la France que du Nouveau-Monde.

Ce curieux assemblage de dessins divers que nous allons présenter n'a donc rien de commun avec les autres collections de ce genre. En effet, l'Album de M. Alexandre Vattemare, que les princes et les grands ont pris plaisir à parcourir, et dans lequel figurent plusieurs têtes couronnées, se place entièrement hors de ligne, et il eût été impossible peut-être à tout autre qu'à lui d'en former un pareil.

Les autographes sans nombre que M. Alexandre Vattemare a pu recueillir dans le cours de ses voyages, et dont nos livraisons offriront la production fidèle, donneront par leur variété un piquant intérêt de plus à cet ouvrage.

C'est ainsi qu'en parcourant les pages de ce recueil on croirait faire un de ces songes bizarres où l'esprit, s'égarant dans ses pensées, fourmille de visions qui brillent, passent et se succèdent avec une inconcevable rapidité. L'histoire, la poésie, les sciences, la philosophie, toute la littérature et les beaux-arts, sont représentés par Alibert, Dubois, Decandolle, Schokke, Bonstetten, Chateaubriand, Roscoë, Lamartine, Casimir Delavigne, David, Thomas Moore, Walter Scott, l'infortuné Poushkine, lady Blessington qui enrichit notre Album de ces vers charmants :

My name to Posterity goes sure as fate,
Inscribed on thy page, Alexander the Great.
'Mid such names it well may oblivion defy,
Preserved as in amber we oft see a fly.

MARGUERITE BLESSINGTON.

London, May 22nd 1838.

miss Edgeworth, lady Morgan, Mmes Tastu et Desbordes-Valmore, Gœthe, Metternich, Napoléon, ses compagnons d'armes, les archevêques d'York et de Tuam, les Franciscains de Limérick, Mgr l'archevêque de Paris et le cardinal de Rohan, archevêque de Besançon. A chaque feuille, en un mot, se succèdent de nouvelles célébrités : qu'il nous suffise de citer encore Turenne, le prince Eugène et Marlborough Ferdinand de Brunswick, Wallenstein, Charles XII, Louis-Philippe, Pierre le Grand, Louis XVI, Marie-Antoinette, madame Elisabeth, Catherine II, Frédéric II, le duc de Reischtadt, Mazeppa, l'empereur de Russie, les rois de Saxe, de Prusse et de Sardaigne, le prince Frédéric-Guillaume, le duc de Bordeaux, le duc de Blacas et tant d'autres que l'espace ne nous permet pas de mentionner ici.

Toutes ces aquarelles, ces croquis à la plume ou au crayon, ces paysages, ces portraits, ces dessins d'histoire ou de genre, sujets religieux, etc., toute cette réunion d'objets d'arts de choix et d'une piquante originalité sont reproduits par nos plus habiles lithographes et présentent un double intérêt ; car on aura en même temps sous les yeux l'esprit des modèles, conservé avec l'exactitude la plus scrupuleuse, et le *fac-simile* d'habiles dessinateurs que leur talent fait distinguer des simples copistes.

La seconde édition de l'ALBUM COSMOPOLITE, est plus complète encore que la première ; car nous y avons joint de beaux dessins des premiers artistes de l'Amérique, parmi lesquels nous citerons Coll, Chapmann, Durand, Weir, etc., etc.

Nous l'enrichissons aussi de *fac-simile* d'autographes de Christophe Colomb, Pizarre, Francklin, Washington, Fenimore Cooper, Washington Irving, de tous les rois et souverains qui ont contribué à la découverte et à la colonisation du Nouveau-Monde et de tous les signataires de la déclaration de l'indépendance.

Ainsi, cette publication présente dans un même cadre une foule de productions qui, par leur rapprochement, donneront pour ainsi dire l'art en spectacle lui-même, et qui, en lui montrant les richesses éparses sur tous les points de son vaste domaine, resserreront de plus en plus les nobles liens qui doivent unir entre eux les artistes du monde entier.

L'éditeur de cette seconde édition, a publié des livres d'art qui ont eu un véritable succès. Les *Albums sur les expositions de peinture* (années **1840-1841-1842-1843-1844**); la curieuse collection des *Peintres Primitifs* de M. le chevalier Artaud de Montor, de l'Institut; le *Portefeuille du comte de Forbin*, le directeur des Musées royaux; *Eustache Lesueur, sa vie et ses œuvres*, par M L. Vitet, de l'Institut; *l'Histoire-Musée de la république française*, par Augustin Challamel, forment plusieurs chapitres de l'histoire de l'art. M. Challamel a pensé qu'il pouvait, avec l'assurance d'un succès non moins grand que celui avec lequel ces différents ouvrages ont été accueillis, publier l'œuvre des principaux artistes du monde, et c'est avec bonheur, qu'artiste lui-même, il met au jour une seconde édition de l'*Album Cosmopolite*, qu'il dédie aux artistes de tous les pays.

EXPLICATION
DES DESSINS ET AUTOGRAPHES
DE L'ALBUM COSMOPOLITE.

Mercure découvrant la tortue, par *Julius Schnorr de Carolsted* de Munich.— Mercure encore enfant, dit Lucien, ayant trouvé, à l'entrée de sa caverne, une tortue qui broutait l'herbe, il la prit, la vida, mit en travers de l'écuelle des cordelettes de peau de bœuf, et en fit un instrument qui fut nommé depuis tortue et lyre.

L'invention de la lyre est, en effet, attribuée au fils de Jupiter et de Maïa, qui la donna ensuite à Apollon.

Le dessin original a été exécuté en fresque sur les parois d'une salle à manger du nouveau palais du roi de Bavière à Munich, par Julius Schnorr, artiste célèbre qui a aussi décoré de grands appartements du même palais, de fresques représentant des scènes des Nibelungen, et des scènes de l'histoire des empereurs d'Allemagne. Cet artiste ne peint que des sujets de l'histoire profane.

Son père était professeur de peinture à l'académie de Leipsig.

Les politiques de village, par *Smidt* de Dortrecht. Ce peintre de genre a un talent fort original; ses peintures sont rares et très recherchées des amateurs de tableaux hollandais.

Autographe et médaille de Henri IV. Qui ne connaît l'histoire du meilleur de nos rois, du Béarnais, de l'ami de Sully, du généreux vainqueur d'Ivry, du promulgateur de l'édit de Nantes? Qui n'a versé des larmes en songeant à la douleur du peuple, lorsqu'il apprit que son Henri était tombé sous les coups du fanatique Ravaillac, le dix-neuvième de ses assassins? Qui de nous, enfin, n'aime à retrouver son écriture? la lettre que nous donnons est adressée à la belle Gabrielle.

Autographe de ANTOINE, roi de Navarre, père de Henry IV.

RUTH ET NOEMI, par *Auguste Hopfgarten*, de Berlin. — Hopfgarten a traduit l'Ancien Testament à la manière des vieux maîtres. On retrouve dans sa composition la pureté de dessin, l'unité d'action, l'intelligence et l'économie dans la distribution du sujet, des caractères de têtes admirablement rendus, et une exécution savante des draperies. C'est bien là cette scène de la vie patriarcale que les saintes Écritures nous ont transmise avec leur sublime simplicité : « La vieille Noëmi avait perdu ses deux fils : triste et résignée, elle s'en retournait avec ses belles filles au pays de Juda ; Harpa venait de la quitter, mais Ruth ne voulut pas l'abandonner, malgré ses instances, et lui dit en la consolant :

« Non, mère, mon amour remplace ta famille,
« Je pris part à ta joie, et j'aime tes douleurs ;
« Épouse de ton fils, ne suis-je pas ta fille
« Comme ceux qui causent tes pleurs? »
Dieu les voit souffrir sans murmure,
Et prenant pitié de leurs maux,
Dans les champs où jaunit la mûre,
Sur Booz il souffle ces mots :
« Si tu veux qu'avec toi j'habite,
« Prends Ruth, la jeune Moabite,
« Et donne lignée à son nom ;
« Car tu sais que ton héritage
« Devait être un jour le partage
« De son premier époux Mahlon... »
Booz dut obéir. Bientôt dans sa famille,
Noëmi plus heureuse oubliait ses douleurs ;
Et Ruth lui répétait : « Ne suis-je pas ta fille
« Plus que ceux qui causent tes pleurs? »

La poésie est digne de s'associer à la peinture lorsqu'elle parle ce langage ; ces jolis vers sont de M. Gimet.

Meurtre de miss M'Cray (épisode de la révolution), par *A. B. Durand*, de New-York. — Quelque temps avant la guerre entre l'Amérique et l'Angleterre, un jeune officier Anglais, nommé Jones, habitant dans les environs du fort Edward, fit connaissance de Miss M'Cray, charmante jeune fille dont il devint éperdument amoureux ; comme elle partageait ses sentiments, il obtint le consentement de ses parents pour leur union ; mais, à peine étaient-ils fiancés, que la guerre de l'indépendance éclata. Jones se vit forcé d'abandonner momentanément ses projets de bonheur, pour rejoindre l'armée du général Burgoyne, qui était campée à trois milles du fort Edward. Il était à peine rendu à son poste, que toutes communications avec les provinces révoltées étaient strictement interdites ; malgré cela, Jones trouva le moyen d'écrire à Miss M'Cray, pour la tranquilliser et la supplier de ne point s'éloigner, en l'assurant qu'immédiatement après la reddition du fort Edward (ce qui, suivant lui, serait bientôt fait), il la conduirait en lieu de sûreté, où leur union serait célébrée.

C'est alors que, sourde aux prières de son père et aux larmes de sa mère, cette malheureuse jeune fille resta seule avec une femme de chambre à attendre l'instant si désiré de revoir le bien-aimé de son cœur.

Cependant les événements ne marchaient pas vite au gré du jeune officier, et, ne pouvant supporter une plus longue séparation, il eut l'imprévoyante pensée d'engager un parti d'Indiens pour porter une lettre à Miss M'Cray Les sauvages partirent, enflammés par l'espérance de la récompense promise (un baril d'eau-de-vie). Jones conjurait sa jeune fiancée de venir le rejoindre au camp, où tout était préparé pour leur union. Il l'assurait qu'elle pouvait se fier à ses guides, auxquels il avait donné son cheval pour l'amener. Après avoir parcouru la lettre, Miss M'Cray, méprisant la frayeur qu'inspire d'ordinaire la vue de ces hideux Indiens, s'élança sur le cheval de son amant, et s'abandonna, malgré les cris et les pleurs de sa servante, à cette escorte barbare.

Ils avaient déjà franchi la montagne, et n'étaient plus qu'à un mille et demi du camp, lorsqu'ils furent accostés par un autre parti d'Indiens, qui, ayant eu connaissance de la récompense promise par M. Jones, avaient résolu d'enlever cette jeune fille pour la conduire eux-mêmes au camp des Anglais.

Alors, une dispute s'éleva sur les droits véritables et prétendus, et une lutte s'ensuivit, dans laquelle plusieurs Indiens des deux partis furent tués. Le chef du premier parti pensa que le seul moyen d'apaiser leur fureur était d'en faire disparaître la cause, il se jeta donc sur la jeune Miss et l'assomma à coups de tomakowks, lui arracha la peau de la tête, et porta cette superbe chevelure tout ensanglantée à M. Jones, comme une preuve de son zèle. Le désespoir et l'horreur de l'imprudent jeune homme, en voyant ces dépouilles chéries, furent à leur comble, et lui firent perdre la raison.

Lorsque les circonstances de ce tragique événement parvinrent au général Burgoyne, il ordonna l'exécution immédiate des sauvages auteurs ou cause de cet affreux assassinat.

M. A. B. Durand, qui a peint l'épisode que nous donnons ici, est un graveur aussi distingué que peintre.

Médaille et autographe de LOUIS XVI. *Autographes de* MARIE ANTOINETTE, *de madame* ÉLISABETH *et de madame la duchesse d'*ANGOULÊME. — Parmi les précieux autographes dont nous donnons le *fac simile*, il en est un excessivement rare, c'est une lettre écrite par Louis XVI, Marie Antoinette et madame Élisabeth, et adressée à madame de Lamballe. Ces trois augustes victimes de la révolution montrent dans cet écrit tout l'attachement qu'elles portaient à M de Penthièvre.

Nous y joignons un autographe de madame la duchesse d'Angoulême, la fille de Louis XVI.

PAYSAGE ET ANIMAUX, par *Backhuysen*, de La Haye. — Backhuysen est un des meilleurs peintres modernes d'animaux ; sa réputation grandira encore, car il étudie toujours et semble deviner de plus en plus les secrets de la nature. Ses tableaux, exécutés avec un soin tout particulier, figurent dans les collections des connaisseurs les plus distingués.

INTÉRIEUR D'UN CLOITRE, par *E. Biermann*, de Berlin.—E. Biermann, de Berlin, achève ses paysages avec un soin extrême ; les effets de lumière sont de son ressort, et le dessin que nous donnons ici en offre un exemple. Cette scène qu'éclaire un demi-jour est bien entendue ; la neige, amoncelée dans la cour du vieux monastère, dessine toutes les saillies de l'édifice et rend plus sensibles les teintes sombres des alentours. L'entrée de la procession dans l'église, par cette porte ouverte, à l'extrémité du corridor, est d'un bon effet, et l'artiste a su en tirer partie pour prolonger la perspective, pour jeter plus d'intérêt dans le fond, et produire un contraste entre l'obscurité de la voûte et les lumineuses clartés du lointain. M. Biermann a fait ce dessin d'après le tableau original qu'il exécuta à Berlin.

Vue intérieure d'un théâtre a Yédo, dessinée par *un artiste Japonais.* — Un théâtre au Japon, par un artiste japonais, voilà un sujet qui doit offrir un double attrait, d'abord, la vue d'un édifice public ; dans un pays où tout est bizarre, ensuite la connaissance d'un autre genre de peinture. Accoutumés à nos demi-teintes, à nos clairs-obscurs, à nos dégradations de lumière, ce dessin ne sera pas sans défauts pour nous autres Européens. C'est une image bariolée de couleurs, tout y est sans forme et sans harmonie, dira-t-on. Mais mettons à part nos règles et leurs exigences, jugeons sans prévention nationale ; n'y a-t il pas là une étude de l'art, de l'originalité, du pittoresque même, et une certaine ordonnance dans la disposition des groupes? Le moins habile architecte, à la vue de ce dessin, pourrait reproduire sur nos boulevards le théâtre de Yédo, car les proportions sont exactes, la perspective linéaire est assez bien observée et donne une idée juste de la construction.

Trois couleurs principales dominent dans la salle; le jaune, réservé, comme en Chine, pour tout ce qui est grand et somptueux ; le bleu, affecté au peuple, et le rouge, qu'on emploie à le farder. L'un vaut l'autre. Quant à l'acteur si originalement accroupi sur le pont volant jeté au-dessus du parterre, sa figure est peinte à plaisir.

D'après les relations d'un voyageur très-véridique, les Japonais seraient très-amateurs de spectacle, et passeraient une grande partie de leur temps au théâtre. Les acteurs ont un costume si singulier, qu'on dirait qu'ils viennent plutôt pour effrayer le public; leurs étranges contorsions exigent beaucoup d'exercice et un rude apprentissage.

Le dessin original a été donné à M. Vattemare, par M. Fisher, célèbre voyageur qui a résidé vingt ans au Japon.

Médaille et autographe de Catherine II, *Impératrice des Russies.* — Catherine II imprima à son règne une mâle impulsion : les guerres qu'elle soutint, la fermeté de son administration, la grandeur de son caractère, la haute portée de ses combinaisons politiques et l'importance de leurs résultats, placèrent tout à coup la Russie au rang des premières puissances de l'Europe. Catherine continua l'œuvre de Pierre le Grand, et ne démentit pas un seul instant la mission qu'elle s'était donnée ; son esprit supérieur la mit au-dessus de ses faiblesses, et ses passions de femme ne furent qu'un marche-pied pour arriver à ses fins. Victorieuse des Turcs et des Tartares, elle mourut en 1796, à l'âge de soixante-sept ans, lorsque ses armées marchaient contre les Perses. Cette impératrice célèbre, qu'on surnomma *la Grande*, protégea les sciences, le commerce et les arts.

« IVAN IVANOWITSCH, *rends-toi chez moi avec les papiers relatifs à l'affaire de* BERE-
« ZING *et de* FCHERTOFF,

« CATHERINE. »

Telle est la traduction du billet autographe qu'elle adresse au général maître des requêtes, et dont nous donnons le *fac-simile*.

La médaille a été gravée par Wechter, pour l'avénement de l'impératrice, le 28 juin 1762.

Autographes russes de : le comte KANKRINE, ministre des finances. — Le prince WASILTCHIKOF. — STIEGLITZ et Cie, banquiers à Saint-Pétersbourg. — Le prince GORTSCHAKOFF. — Le comte VIELHOURSKY.

PORTRAIT DU COCHER DE S. M. L'IMPÉRATRICE DES RUSSIES, par le prince *G. Gagarin*, de Saint-Pétersbourg. — Quel est ce personnage qui semble trôner en haut lieu? A sa barbe fournie, aussi bien qu'à ses fourrures, on reconnaît un Moscovite. Cet homme, à l'air plein de gravité, et dont le regard indique la vigilance, est le cocher de S. M. l'impératrice de toutes les Russies. Il est représenté en costume d'hiver. Jusqu'au règne de l'empereur Alexandre, les cochers de la cour avaient rang de colonel. M. le prince de Gagarin, de Saint-Pétersbourg, maintenant secrétaire d'ambassade à Constantinople, et non moins recommandable par le rang qu'il occupe dans la diplomatie, que par les talents qui le distinguent en peinture, est l'auteur de ce portrait. Élève d'Horace Vernet, c'est sous la direction de cet artiste célèbre qu'il a fait ses études à Rome, lorsque son père était ambassadeur de Russie auprès du Saint-Siége, et il serait à désirer qu'il pût trouver, dans le loisir de l'indépendance, le moyen de se consacrer davantage au culte des arts.

VUE DE LA VILLE DE LIÈRE, par *M. Victor Hugo*. — M. Hugo n'est pas seulement un poëte, c'est encore un peintre, mais un peintre que ne désavoueraient pas pour frère Louis Boulanger, C. Roqueplan et Paul Huet. Quand il voyage, il crayonne tout ce qui le frappe. Une arète de colline, une dentelure d'horizon, une forme bizarre de nuage, un détail curieux de porte ou de fenêtre, une tour ébréchée, un vieux beffroi, ce sont ses notes ; puis le soir, à l'auberge, il retrace son trait à la plume, l'ombre, le colore, y met des vigueurs, un effet toujours hardiment choisi; et le croquis informe, poché à la hâte sur le genou ou sur le fond du chapeau, souvent à travers les cahots de la voiture ou le roulis du bateau de passe, devient un dessin assez semblable à une eau forte d'un caprice et d'un ragoût à surprendre les artistes eux-mêmes.

Le dessin que nous donnons est un souvenir d'une tournée en Belgique, et porte écrit au revers : *Lière*, 12 *août ; pluie fine*.

C'est une place d'architecture, moitié renaissance, moitié gothique, avec un effet de nuages entassés les uns sur les autres comme des quartiers de montagne, gros d'orage et laissant tomber de leurs flancs entr'ouverts quelques filets de pluie, comme des carquois renversés dont les traits se répandent.

Un beffroi d'une hauteur prodigieuse enfonce dans la nue son front chargé d'une couronne de clochetons et de tourelles en poivrière; une girouette, représentant une comète avec sa queue, palpite au soufle de l'orage sur la flèche principale. L'action du vent se fait parfaitement sentir par les lambeaux de nuées balayés tous dans le même sens. Un rayon de soleil blafard et jaune éclaire une partie du beffroi, dont tous les détails d'architecture et d'ornement sont rendus avec une finesse, un esprit, un pétillant et une adresse admirables. Le cadran, où les heures sont ménagées en blanc sur le fond du papier, a dû exiger, de la part du fougueux poëte, bien de la patience et des précautions. Au pied du beffroi s'élève, sur des piliers massifs, une halle bizarrement tigrée d'ombres noires, avec des ardoises imbriquées en manière d'écailles de poisson et des lucarnes à contrefort en volutes. Des jets vifs de lumière pétillent brusquement entre les sombres colonnes qui semblent disposées tout exprès pour cacher des Gubetta et des Omodeï. Cette disposition est très-pittoresque, et fournirait un beau motif de décoration. De charmantes maisons, dans le goût espagnol, gothique et flamand, ciselées et travaillées comme des bagues, occupent le fond de la place. On reconnaît facilement dans ce dessin d'architecture la plume qui a tracé le chapitre de *Paris à vol d'oiseau*.

THÉOPHILE GAUTIER.

Autographes de : CATHERINE D'ARAGON, fille de Ferdinand V d'Aragon et d'Isabelle de Castille; elle fut mariée en 1501, au prince Arthur de Galles, fils aîné d'Henri VII. Ce prince étant mort cinq mois après, Henri, second fils du roi, depuis Henri VIII, l'épousa, par ordre de son père, après qu'on eut obtenu une dispense du pape Jules II. Devenu roi, dégoûté d'une union qu'il avait contractée par force, et épris d'Anna Boleyn, il voulut divorcer. Mais après bien des querelles, malgré l'opposition du pape, malgré les menaces de Ferdinand, malgré le refus et les prières de la reine, la séparation eut lieu en 1634. Catherine mourut à Kimbalton, en 1536.

— Anna Boleyn, fille de Thomas Boleyn, comte d'Ormond, est né en 1499. Dame d'honneur de Catherine d'Aragon, elle sut enflammer Henri VIII, qui l'épousa secrètement en 1533, et la fit couronner en 1534. Bientôt fatigué de sa nouvelle femme, Henri fit déclarer son mariage nul, et, sur un soupçon d'infidélité, lui fit trancher la tête en 1536.

— Jane Seymour, dame d'honneur d'Anna Boleyn, fut la troisième femme d'Henri VIII. Elle mourut en 1537 en donnant le jour à un fils, qui régna après Henri sous le nom d'Édouard VI.

— Anne de Clèves succéda à Jane Seymour dans la couche sanglante du monarque dissolu, qui, sur la foi d'un portrait, l'avait épousée en 1539. Mécontent de l'original, il la répudia en 1540.

— Catherine Parr, veuve du baron Latimer, épousa Henri VIII en 1543, un an après la mort de Catherine Howard, cinquième femme du roi. Zélée pour le luthéranisme, elle n'échappa au sort des épouses d'Henri que par adresse, et peut-être par la mort du roi, arrivé en 1547. Trente-quatre jours après, elle s'unit à l'amiral Thomas de Seymour.

— Jane Grey, arrière-petite-fille d'Henri VII, duchesse de Guilford; elle fut reconnue reine d'Angleterre après la mort d'Édouard VI. Elle ne jouit pas longtemps de la royauté. La reine Marie, entrant victorieuse à Londres, la fit saisir, juger et condamner avec son époux Guilford, et son père le duc de Suffolk. Elle fut exécutée le 12 février 1554, à l'âge de dix-sept ans.

— Marie la Catholique. Marie I, fille d'Henri VIII et de Catherine d'Aragon, naquit en 1515. En 1554, elle épousa don Philippe, fils de Charles-Quint, plus tard Philippe II, et mourut en 1558.

— Élisabeth, fille d'Henri VIII et d'Anna Boleyn, née en 1535, succéda à Marie la Catholique en 1558, et mourut en 1603.

— Henriette-Marie, fille de France, née d'Henri IV et de Marie de Médicis en 1609, épousa, en 1625, Charles I d'Angleterre. A la mort tragique de son époux, en 1649, elle se retira en France et mourut en 1669.

— Marie, fille de Jacques II, épousa Guillaume III, lorsqu'il n'était encore que stathouder, et lui transmit ainsi des prétentions à la couronne d'Angleterre, prétentions dont il se servit, en 1688, pour s'en emparer.

— Anne I, fille de Jacques II, est né en 1664. Elle épousa le prince Georges, frère du roi de Danemark. A la mort de Guillaume III, en 1702, elle fut appelée au trône par les Anglais. Elle mourut en 1714.

Marie Stuart. — Les malheurs et la mort de l'infortunée rivale et victime d'Élisabeth sont trop connus, pour que nous ayons besoin d'en parler à nos lecteurs. Nous dirons seulement que, fille de Jacques V, roi d'Écosse, elle naquit en 1542, et fut décapitée à Fotheringag en 1587, après dix-huit ans de captivité.

LE SONGE

Ballade traduite littéralement de l'allemand.

Berthe avait quinze ans; elle était belle entre les plus belles.
Pourtant les fêtes de la cour n'ont pas vu briller ses attraits.
Car Berthe avait à soigner sa vieille mère malade;
Aussi n'avait-elle de libre que la pensée; son corps était tout à sa mère.
Et cependant les cloches tintaient
Comme pour une fête!
Les compagnes de Berthe lui avaient tout raconté,
Et les prouesses du tournoi, et les chants variés des ménestrels,
Et les malices des pages, et les agaceries des damoiselles :
Berthe savait tout comme si elle avait assisté aux fêtes du comte.
Et cependant les cloches tintaient
Comme pour une fête!
Berthe, en soignant sa mère, pensait à tout cela nuit et jour,
La nuit surtout; et chaque nuit ressemblait à celle de la veille.
Ce jeune ménestrel, tant admiré, tant aimé de la cour,
Sans l'avoir vu, c'est celui-là que Berthe aimait.
Et cependant les cloches tintaient
Comme pour une fête!
De son côté Olivier, le ménestrel, si séduisant à la cour,
Fêté des dames, ami du comte, fuyait la cour et les dames,
Car le cœur d'Olivier était pris; il n'aurait pu dire pour qui,
N'ayant vu l'objet de ses amours que la nuit des songes.
Et cependant les cloches tintaient
Comme pour une fête!
La mère de Berthe, pauvre mère! allait bientôt mourir!...
Sa pieuse fille quittait rarement le chevet du lit de douleur,
« Je voudrais un bouquet de fleurs des champs, »
Dit-elle à sa fille, qui aussitôt se met en course.
Et cependant les cloches tintaient
Comme pour les agonisants!
Un bouquet pour une mourante! Pourquoi? Pour éloigner Berthe,
Afin qu'elle n'entendît point le râle de la mort.
Voyez courir çà et là la jeune fille dans la campagne,
Pour satisfaire les désirs de la prévoyante mère!
Et cependant les cloches tintaient
Comme pour les agonisants!
Son zèle l'emporte; elle va loin sous un berceau d'arbres,
Où il y avait toujours de belles fleurs... Un beau jeune homme endormi!
Berthe pousse un cri, veut reculer; quelque chose l'attire...
Elle retrouve là l'objet de ses songes; c'est lui-même, c'est lui!
Et cependant les cloches tintaient
Comme pour les morts!
Elle se dit : Je ne dors pas, mais non je ne dors pas!
Prend un myosotis parmi les fleurs qu'elle a cueillies,
Le place doucement sur la main droite du ménestrel,
Et fuit aussitôt pour revenir au château.
Et cependant les cloches tintaient
Comme pour les morts!
Olivier se réveille et voit la fleur entre ses doigts;
Regarde au loin courir une jeune fille qui monte au château.
Est-ce un songe, ou bien une fée qui lui dit : Viens, suis-moi?
Il se lève, et, le cœur agité, suit la trace de la jeune fille.
Et cependant les cloches tintaient
Comme pour les morts.
Tout est morne autour du château, plus de nain, plus de page;
Le pont levé : Olivier est frappé de terreur.
Il ira demain au bosquet; trouvera-t-il la jeune fille?
Un, deux jours se passent, Olivier ne voit rien venir...
Et cependant les cloches tintaient
Comme pour les morts.
Il remonte au château, et qu'en voit-il cette fois sortir?
Une pompe funèbre, des prêtres, un deuil immense,
Une bière, une jeune fille pleurant...
C'est elle! Olivier suit le cortége jusqu'au champ du repos.
Et cependant les cloches tintaient
Comme pour les morts.
La tombe est près du bosquet au doux ombrage;
Olivier y voit souvent venir la jeune fille,
Il dépose un bouquet à côté de celui de Berthe...
Berthe et Olivier pleurent ensemble sur cette tombe.
Et cependant les cloches tintaient
Comme pour une noce!

Il est impossible, ce nous semble, de rendre avec plus de bonheur ce petit drame allemand, s'il est vrai, toutefois, que M. Adolphe Fries a été inspiré par d'autres que par lui-même, en tout cas la page de l'aimable artiste n'est pas inférieure à la poésie.

CHARGE DE CUIRASSIERS PRUSSIENS, par *Julius Schulz*, de Berlin. — Cet artiste ne peint que des tableaux de batailles, et a coutume de toujours représenter des Prussiens vainqueurs, chargeant des Français ; le dessin que nous donnons est une rare exception, car on ne voit pas l'ennemi. Il est de bon goût d'en avoir agi ainsi pour un dessin à mettre sur l'album d'un Français.

Les tableaux de ce peintre ont du succès et méritent d'en avoir. Julius Schulz est frère du peintre Carle Schulz.

Médaille et autographe de LOUIS XIV. — Louis XIV comprit et protégea Molière : cela vaut bien d'autres titres à la postérité. Aussi le grand roi a-t-il eu le bonheur de se placer à la tête d'un grand siècle où figurent tour à tour et dans tous les états, Turenne et Bossuet, Colbert et Boileau, Corneille et Massillon, Pascal et Mme de Sévigné, et tant d'autres illustrations.

Louis XIV n'eut qu'une femme avouée, Marie-Thérèse d'Autriche ; s'il a épousé Mme de Maintenon, le mariage n'a pas été publiquement avoué.

Il naquit le 16 septembre 1638, et mourut à Versailles le 1er septembre 1715, âgé de soixante-dix-sept ans. Il en avait régné soixante-douze.

Autographe de CHARLES LE TÉMÉRAIRE. — Cette signature, presque aussi indéchiffrable que celle du roi Ferdinand d'Aragon, est celle de Charles le Téméraire, duc de Bourgogne; elle est extraite d'une lettre datée de Bruxelles, le 9 avril 1472.

Charles le Téméraire naquit en 1433; il était fils de Philippe le Bon et d'Isabelle de Portugal. Ce prince épousa Marguerite d'Yorck, sœur du roi d'Angleterre, fut l'ennemi le plus acharné de Louis XI, fomenta la guerre civile en France, et mourut au siége de Nancy en 1477.

ÉCURIE PORTUGAISE, par *S. M. don Fernando*, roi de Portugal. — Avez-vous dans votre Album un dessin ou bien une eau forte du jeune roi de Portugal ? une aquarelle de l'héritier présomptif du trône de toutes les Russies? Si cela vous manque, c'est que vous n'êtes pas au grand complet, car, à part le mérite ou l'originalité de ces reliques, vous pouvez être assuré qu'elles sont plus rares à trouver que les lavures de pinceau de Decamps. On remarquait dernièrement que cet artiste sans pareil vendait ses hommes à raison de 750 francs l'un, comme l'eût fait un fournisseur de remplaçants; et même on avait hésité à savoir s'il n'avait pas fourni des singes en place de Turcomans. Nous sommes du petit nombre des favorisés; aussi notre Album ne ressemble-t-il pas à tous les Albums qui courent le monde.

LE DÉGUSTATEUR, par *Schrœdter*, de Dusseldorf.— C'est ici l'esquisse originale de ce tableau de Schrœdter, qui fait partie de la collection de M. Wagner, consul général de Suède à Berlin, amateur qui possède peut-être la plus belle collection de tableaux modernes. L'année où le peintre exposa cet ouvrage, les vins du Rhin avaient été d'une qualité fort mauvaise, et les propriétaires de vignobles virent une redoutable épigramme dans ce dégustateur grimaçant, rendu avec tant de vérité sur cette toile. Dans leur colère, ils voulurent intenter un procès à Schrœdter; mais l'affaire n'eut point de suite. Ce piquant souvenir restera attaché à ce tableau, digne des plus beaux temps de l'école flamande.

Ce peintre possède une touche spirituelle et un fini précieux. Il signe ses tableaux d'un tire-bouchon. — Il y a deux peintres du nom de Schrœdter.

Médaille et autographe de CHRISTINE, reine de Suède, fille du grand Gustave-Adolphe, née en 1626, reine en 1632, et si connue pour son règne illustre, son abdication, son génie et son amour pour les lettres, ses bizarreries et sa retraite à Rome, où elle mourut en 1689, après avoir abjuré le protestantisme. — Le fragment que nous donnons est tiré d'une lettre écrite à Anne d'Autriche, en 1645.

Autographe de SCHUMACHER, professeur d'anatomie à Copenhague, né à Bramstedt, en Holstein, le 3 septembre 1780.

Autographe de BANNER (Jean Gustafson), qu'on appelle vulgairement *Bannier*, seigneur de Mulhammar, feld-maréchal de Suède, naquit à Diursholm, en Upland, vers 1596, et mourut à Halberstadt en 1641. Il fut l'une des plus belles figures de cette guerre de trente ans, dont Schiller a écrit la poétique histoire. Il fut à la fois soldat et capitaine : à l'intrépidité, à la connaissance profonde de l'art militaire, il joignait la maturité dans le conseil et la vigueur dans l'exécution. Il mérita d'être surnommé *le second Gustave*, et il ressemblait, par les traits du visage, à ce grand homme.

SCÈNE FANTASTIQUE, par *Ernest Meyer* d'Altona. — M. Meyer s'est inspiré du génie d'Hoffmann pour représenter un de ses rêves fantastiques; c'est dans l'*Elixir du Diable* qu'il a puisé sa composition. La scène se passe dans un cachot, où, selon l'expression du Dante, il pénètre assez de jour pour apercevoir les ténèbres. Un père dénaturé est condamné à mort pour avoir assassiné son enfant; l'esprit infernal lui présente un flacon rempli de sang : « *Tiens, c'est celui de ton fils*, lui dit-il, *bois, et je te sauve!* » Et l'assassin recule d'horreur.

Les peintures d'Ernest Meyer d'Altona sont exécutées avec beaucoup d'esprit, de sentiment, de délicatesse. Lorsque ce peintre, qui est resté fort longtemps à Rome, traite des sujets italiens, il le fait avec infiniment d'intelligence et de vérité.

INTÉRIEUR D'UN CLOITRE, par *Dominique Quaglio*, de Munich. — Les détails de cette architecture sont rendus avec une grande habileté, sans nuire pour cela à l'effet de l'ensemble ; c'est que tout est bien combiné dans ce dessin : la distribution de la lumière et le jeu des ombres, le développement de la perspective et les ornements accessoires.

Le grand-père, le père, et les trois frères de Dominique Quaglio sont peintres.

Médaille et autographe de BEETHOVEN. — Louis Van Beethoven a passé dans le temps pour être un fils naturel de Frédéric-Guillaume II, roi de Prusse ; quoi qu'il en soit, le grand compositeur n'en a pas eu les avantages, car il est mort pauvre. Né à Bonn en 1772, il a fini ses jours à Vienne.

Estimé comme compositeur au début de sa carrière, il a été plus tard, de son vivant, classé au rang des génies supérieurs. Ses productions musicales attestent que, si la mode a placé Beethoven sur le piédestal, il n'y a eu ni engouement, ni fanatisme ; plus on le lit, plus on l'entend, et plus on l'aime. Et, quoiqu'il ait travaillé plus particulièrement pour l'orchestre, on est forcé de lui donner, comme à Haydn, le titre de compositeur dramatique. En effet, chacune de ses admirables symphonies, de ses sonates, de ses quatuors et quintetti, pris à part, est un tableau sous lequel il ne manque que les paroles, pour en faire des scènes d'un drame dont l'intérêt vous captive, vous enthousiasme, et que vous désirez encore entendre après l'avoir cent fois entendu.

La lettre que nous donnons est adressée à Freischke, et concerne l'opéra de *Fidelio*.

SAINTE PHILOMÈNE, VIERGE ET MARTYRE, dessin de *M. Amaury-Duval*. — Ce dessin peut donner une idée du genre que semble vouloir suivre M. Amaury-Duval, élève de M. Ingres. C'est à la fois la naïveté alliée à la pureté du dessin, c'est l'art dans les premiers jours du christianisme, mais non l'art en décadence. Pour nous, qui n'entendons vouloir juger les artistes que du point de vue ou du parti pris par eux, nous sommes loin de blâmer M. Amaury-Duval ; nous ferons mieux, nous l'encouragerons à suivre son penchant, si toutefois c'en est un, et non un système qui n'aurait pas, pour l'animer et le faire vivre, cette flamme cachée qu'on appelle la conscience ou la foi. Au jeune artiste donc la mission de nous retracer les scènes saintes de notre belle religion ; à lui, peintre gracieux et chaste dans la forme, d'écrire les derniers moments d'une jeune Vierge de treize ans, issue de sang royal, versant ce pur sang pour sa foi, pour son Dieu, le vrai Dieu des chrétiens.

Rien n'est plus suave que cette scène, où l'on voit deux anges verser le baume céleste sur la jeune athlète allant combattre une seconde fois contre le tyran Dioclétien. Philomène trouvera des forces nouvelles ; mais, élue du ciel, elle finira par succomber, car sa destinée est écrite d'avance, elle doit aller rejoindre les vierges qui font cortége à Marie et à son fils bien-aimé.

LE CHATEAU DE HEIDELBERG, par *S. E. M. le comte F. de Jénisson*, ministre de Bavière, à Londres. — Il est de l'autre côté du Rhin, sur les rives pittoresques du Necker, une immense ruine qui brave, depuis des siècles, la main destructive du temps. C'est le château de Heidelberg, d'une architecture imposante, et qui réunit à la grandeur du style toute la magnificence des décors. M. le comte de Jénisson, amateur distingué des beaux-arts, a voulu reproduire dans ce cadre l'aspect général d'un des sites les plus renommés de l'Allemagne : en face, s'élève le Jettenbuhl, cette montagne célèbre sur laquelle est assis le château ; derrière, apparaît le Geissberg, où Conrad, duc des Francs, avait établi jadis sa demeure, et, dans le fond de la vallée, on aperçoit la petite ville de Heidelberg, si fière de son antique origine.

Le château, étonnant assemblage de palais somptueux, de constructions monumentales et d'embellissements artistiques, a été bâti vers l'an 1300, par les comtes palatins de la maison de Wittelsbach. Cette magnifique habitation, dévastée à plusieurs reprises, envahie sous Louis XIV, souvent relevée après ses désastres, est à la veille de sa destruction. En 1764, la foudre tomba sur la tour octogone, d'une dimension colossale, et consuma une partie des édifices adjacents. Depuis cet incendie, les restaurations projetées n'ont jamais été entreprises; aujourd'hui elles sont devenues impossibles.

Médaille et autographe de PIERRE LE GRAND. — La vie de Pierre le Grand appartient tout entière à l'histoire. Il nous suffira de traduire ici le billet dont nous donnons le *fac-simile* :

« Monsieur le brigadier,

« A mon départ, j'ai laissé aller ma femme à Elbing. Veuillez lui remettre « l'argent dont elle aura besoin pour l'achat de quelques bagatelles.

« PIERRE. »

Forne, 1er septembre 1711.

La médaille a été frappée du temps de Pierre le Grand, d'après le dessin d'un artiste russe.

Autographe de GRETCH. — Conseiller d'État, rédacteur en chef de *l'Abeille du Nord.*

Autographe de BOULGARINE. — Homme de lettres, rédacteur de *l'Abeille du Nord.*

SCÈNE DES FOSSOYEURS DE LA TRAGÉDIE D'HAMLET, par *Gust. Wappers*, d'Anvers. — La verve originale de Shakespeare a inspiré à Wappers l'esquisse que M. Julien s'est chargé de reproduire. La scène se passe dans un cimetière; Hamlet, accompagné de Horacio, commence par ces paroles ses réflexions sur la mort : « *Alas, poor Yorich!...* »

Le dessin que nous présentons aux amateurs est un simple souvenir de Gustave Wappers; il leur rappellera un peintre d'histoire qui s'est acquis en Belgique une réputation méritée, et notamment par son tableau du *Bourgmestre de Leyden*, qui a figuré avec honneur à l'une de nos expositions à Paris.

GROUPE DE CHÈVRES, par *Eugène de Verboekhoven* de La Haye. — Verboekhoven est le Brascassat de la Hollande. Le mérite éminent de cet artiste est reconnu de toute l'Europe; sa réputation égale son mérite.

Médaille et autographe de Louis-Philippe Ier. — Louis-Philippe Ier, né le 6 octobre 1773, élu roi des Français le 9 août 1830.

La Vierge et saint Joseph cherchant l'enfant Jésus, par *Dager*, de Dusseldorf. — « ...... Les jours de fêtes étant passés, l'enfant demeura dans Jérusalem sans qu'ils y prissent garde. Mais pensant qu'il était dans la foule, ils marchèrent une journée entière, et ils le cherchèrent parmi leurs parents et les gens de leur connaissance ; ne l'ayant pas trouvé, ils retournèrent jusqu'à Jérusalem en le cherchant..... »

Tel est le passage de l'évangile de saint Luc que Dager a pris pour thème. Ce peintre est élève de Schadow et marche dignement sur les traces de son maître. On dit qu'il a atteint à peine sa vingtième année, et pourtant quelle profondeur de pensée dans cette jeune imagination ! que de beauté et d'expression dans chacune de ces figures ! Joseph et Marie cherchent l'enfant divin ; l'un parle aux hommes et les intéresse à sa douleur ; l'autre s'adresse aux femmes et leur fait partager tous ses sentiments de mère. Nous ne dirons rien du drapé, dont la simplicité fait le principal mérite. Nous ne saurions assez louer surtout le vieillard assis sur le premier plan et dessiné à la manière de Raphaël. Il y a dans toutes ces têtes un caractère de dignité qu'on retrouve rarement dans les compositions de nos peintres modernes.

Dager est un homme religieux, d'une grande piété, doué d'un charmant talent, plein de sentiment. Il décore en ce moment une chapelle pour un riche protecteur des arts, dont malheureusement le nom nous échappe ; ces peintures sont pleines de mansuétude.

Débarquement des Émigrants d'Angleterre en 1630, par *J.-C. Chapman de Washington*. Au nombre de quinze cents, ils construisirent dans le lieu de leur débarquement une ville qu'ils nommèrent James Town, mais qu'ils abandonnèrent ensuite à cause de l'insalubrité du climat, pour fonder Boston, dans l'état de Massachusetts.

Chapman est un artiste d'un talent très-distingué, dont la renommée a traversé l'Océan. Plusieurs de ses aquarelles rappellent les chefs-d'œuvre de Bonington. Chapman s'occupe aussi d'illustrer des ouvrages de luxe, et la plupart de ses soirées sont employées à graver à l'eau-forte des dessins très-estimés et très-recherchés des amateurs.

Autographe de SEYFFARTH. — Le docteur Seyffarth est un savant Saxon qui a fait une étude particulière des caractères hiéroglyphiques, et se trouva souvent en controverse avec M. Champollion.

L'inscription reproduite est le nom du docteur et celui de M. Alexandre, en caractères hiéroglyphiques.

Autographe de TIECK. — Louis Tieck, conseiller de cour de S. M. le roi de Saxe, né à Berlin le 31 mai 1773, l'une des plus grandes illustrations de l'Allemagne. Sa lettre est adressée à M. Alexandre, et écrite exprès pour entrer dans son *Album,* dont il admirait la richesse et l'étonnant mélange des noms qu'il renferme. Tieck est auteur d'un drame de *Sapho,* qu'on dirait écrit par un Grec et trouvé sous les ruines de quelque Pompeï.

Autographe de la comtesse de KOENIGSMARCK. — La comtesse Aurore de Kœnigsmarck, mère de Maurice de Saxe, était abbesse de Quedlenbourg. — Lettre datée du 8 juillet 1719.

Autographe de MAURICE, maréchal de Saxe. — Ce grand capitaine, fils naturel d'Auguste II et de la comtesse de Kœnigsmarck, naquit en 1696. Il fit ses premières armes en France, sous le prince Eugène de Marlborough, lorsqu'il n'avait encore que douze ans; il servit depuis dans l'armée française, et décida de la victoire d'Ettingen à la tête d'une division de grenadiers, prit Prague d'assaut en 1741, et fut créé maréchal de France à la suite de ses brillants succès. Vainqueur à Fontenoy, Maurice de Saxe gagna ses lettres de naturalisation, et, après la bataille de Rocoux, le roi lui envoya six canons pris sur l'ennemi et le titre de maréchal général de ses armées. Il mourut à Chambord le 30 novembre 1750, à l'âge de cinquante-quatre ans. Son corps fut transféré à l'église luthérienne de Saint-Thomas, à Strasbourg, où Louis XV lui fit ériger un monument. — Lettre du 7 mars 1710, et adressée à sa mère.

ZEIBECK, *dessin par M. de Gagarin.* — Personne ne pouvait mieux parler de l'aquarelle de M. de Gagarin que M. Léon de Laborde, à qui les arts et les lettres ont déjà de grandes obligations. Jeune encore, M. Léon de Laborde marche sur les traces des célèbres voyageurs, et place son nom sur la ligne des hommes utiles, des artistes de conscience, qui donnent de l'éclat à leur pays; M. Léon de Laborde promet d'égaler, s'il ne surpasse, la célébrité du comte de Laborde, son père.

Voic la notice que nous devons à ses bontés :

« Je ne sais rien des Zeibecks, quoique j'aie traversé leur patrie en tous sens et vécu avec eux familièrement; mon excuse est bien simple : personne, ni les Turcs eux-mêmes, n'en sait rien. Si vous les questionnez sur leur origine, ils se redressent et vous disent qu'ils sont les premiers conquérants du pays, qu'ils ont maintenu leur costume dans son originalité, et conservé leur antique valeur dans toute sa pureté. Si vous parlez aux Turcs, ils vous disent au contraire que ce sont des brigands dont vous voyez les corps empalés sur les grands chemins, des montagnards intraitables et une race dégénérée. Quant à leur costume, ils le trouvent si ridicule et si indécent, qu'ils crachent avec dégoût en en parlant. Pour décider entre ces deux données si différentes, il faudrait avoir des renseignements authentiques sur leur histoire : j'avoue que je n'en ai pas encore trouvé. — Ce que je sais, c'est que cette fière peuplade habite des deux côtés du Méandre, dans les admirables montagnes qui forment son bassin, et qui s'étendent dans l'ancienne Phrygie, la Carie, la Lydie. — Ce qui ne sortira pas de ma mémoire, c'est le plaisir que j'ai éprouvé dans la rencontre inattendue d'une race d'hommes fière et éveillée, aux formes élancées et sèches, aux traits purs et déliés, au caractère franc et ouvert, vivant au milieu des Turcs endormis, épaissis, empâtés.

« Pour le peintre, c'est une apparition singulière que ce contraste d'un costume collant aux formes, dessinant les membres, serrant la taille, et porté dans toute une province au milieu de ce vaste Orient, qui semble, depuis des siècles, s'être étudié à cacher l'homme sous les plis, sauf à racheter par les couleurs ce qu'il abdique dans les formes.

« M. de Gagarin a su saisir avec bonheur ce caractère étrange de traits et de costume.

« On serait tenté, de prime abord, de taxer d'un peu d'afféterie cette élégance recherchée, mais on peut être assuré qu'elle se rencontre souvent, et qu'elle forme le type de cette race montagnarde, qui ne peut être mieux comparée qu'aux Tyroliens.

« Au milieu des ruines de toutes les villes qui avaient élevé des temples, des théâtres et des stades sur les coteaux de cette riche vallée, l'effet du paysage et des débris d'architecture est singulièrement rehaussé par la présence des Zeibecks qui, à la richesse de leurs étoffes, à la noblesse de leurs attitudes, semblent poser pour ces beaux tableaux, alors qu'ils se reposent tout simplement et ne songent pas au rôle qu'on leur fait jouer. »

Léon de Laborde.

Le 15 mars 1839.

Paysage. — Étude, par M. *Gaspard Lacroix*, lithographié par lui-même. — Le talent de ce peintre français est sévère et gracieux ; voici ce que nous lisons sur M. Gaspard Lacroix dans l'*Album sur les Expositions du Louvre* (Salon de 1843) « C'est une charmante retraite, une prairie fraîche et parfumée, entourée de ravins et d'arbres qui l'enferment dans un voile frémissant. Au fond, au travers des rameaux assombris, on aperçoit la plaine dorée par le soleil, éclatante, les collines lointaines et des nuages qui semblent rouler de l'argent en fusion... L'herbe de la prairie, les roches dans l'ombre, les feuillages, tout est traité avec une délicatesse particulière pour chaque objet, avec harmonie et puissance pour l'ensemble. M. Gaspard Lacroix est un artiste d'un grand avenir, il a la pensée, le dessin et le coloris. »

M. Challamel a publié un autre tableau de ce peintre dans le *Salon de* 1844 il a pour titre *les Moissonneurs ;* il est aussi lithographié par l'auteur.

Portrait et autographe du major André. — Jean André, officier anglais était membre de la chambre des comptes lorsqu'il entra dans la carrière militaire. Il fut bientôt élevé par son mérite au grade de major. Le général Arnold ayant fait connaître la résolution où il était d'abandonner un poste important à l'armée anglaise, André fut choisi pour cette négociation délicate, mais il échoua malheureusement dans cette entreprise ; il fut arrêté comme espion et jugé d'après l'ordre du général Washington par un conseil de guerre qui le condamna à être pendu ; ce fut en vain qu'il demanda à être traité selon les lois de la guerre ; cette sentence ignominieuse fut inhumainement exécutée en 1780. Il n'était âgé que de vingt-neuf ans, et mourut avec la plus grande fermeté.

Autographe de Arnold, *dit le Traître*. — Benoît Arnold, général américain, dans le Connecticut, dans le dix-huitième siècle, s'est rendu célèbre par ses talents militaires, sa bravoure et sa défection pendant la guerre de l'Indépendance des États-Unis. Après avoir tenu la conduite la plus honorable dans diverses campagnes, il fut nommé commandant de Philadelphie en 1778. Dès cette époque sa conduite changea totalement ; ses dépenses, son luxe et ses exactions le firent dénoncer par les habitants de cette ville à l'assemblée de Pensylvanie, qui le condamna à être réprimandé par le général Washington. S'étant alors retiré du service, il fut rappelé peu de temps après par ce même général, qui lui donna un commandement : mais il entra bientôt en négociation avec le général anglais, sir Henri Clinton, par l'entremise du major André, pour livrer la place et la division qu'il commandait. Ce complot ayant été découvert coûta la vie au major André, mais Arnold réussit à se refugier auprès du général Clinton, fut nommé brigadier général au service d'Angleterre et tourna ses armes contre sa patrie qu'il avait défendue avec tant de zèle. Il se rendit après la paix en Angleterre, et mourut à Londres en 1801.

Autographe de R. Montgomery. —Richard Montgomery, général américain, né en Irlande (1737), embrassa de bonne heure la profession des armes, et servit comme officier dans la guerre du Canada en 1756. Ayant obtenu sa démission à la paix de 1763, il acquit une propriété dans la province de New-York, et se maria. Lors de la guerre de l'indépendance des colonies anglaises, il eut le commandement d'un petit corps de troupes destiné à agir dans le Canada, s'empara des forts Chambly et Saint-Jean, réduisit la ville de Montréal, et fut tué au siége de Québec le 31 décembre 1775.

Autographe de Jos. Brant. — Joseph Brant, Indien distingué, l'un des chefs des six nations (ou grande confédération des Iroquois); son nom chez les Sauvages était Phayendanegea, qui signifie dans le dialecte Mohawk, *deux morceaux de bois liés ensemble*, emblème de la force. C'était un Mohawk; né en 1742, il commença la carrière des armes sous le commandement de William Johnson, à peine âgé de 13 ans. Pendant la guerre de la révolution américaine, il fut un des chefs des Sauvages qui combattirent sous les armes d'Angleterre. Après la paix de 1783, il se retira avec ses Mohawks dans les forêts du Haut-Canada, consacra les dernières années de sa vie à la civilisation de son peuple, et mourut le 24 novembre 1807. Sa vie a été publiée en deux volumes in-4°, par William Stone, de New-York.

Autographe du baron de Steuben. — Frédéric-Guillaume de Steuben, officier prussien qui entra au service de l'Amérique pendant la révolution de l'Indépendance. En 1778, le congrès le nomma inspecteur-général des armées, et y joignit le grade de major-général. Il se retira près de New-York, où on lui accorda une assez grande étendue de terrain. Il obtint également, par les soins de Washington et d'Hamilton, une pension annuelle de 2,500 piastres. Il mourut d'une attaque d'apoplexie en 1795.

Les rois mages, par *E. Bendemann*, de Dusseldorf. — Edouard Bendemann, jeune encore, a été surnommé par l'Académie royale de Dusseldorf, le *Gardien du style*.

Le comte Athanase de Raczinski a pris soin de nous tracer son portrait :

« Bendemann a maintenant (1834) vingt-six ans; il est fils d'un riche banquier de Berlin, et fait le bonheur et la gloire de sa famille. Son éducation a été très-soignée; il y a quelque chose d'heureux dans sa physionomie, qui plaît au premier abord; ses yeux, pleins d'expression, trahissent une intelligence que sa modestie voudrait cacher; mais le génie perce à travers la douceur du regard. » Le tableau des *Juifs en exil* fut son premier ouvrage important : il le termina à Dusseldorf en 1832, lorsqu'il avait à peine vingt ans; ce morceau capital lui assigna aussitôt un rang distingué parmi les peintres de l'époque. En 1833, une autre production : *Les deux jeunes filles auprès d'un puits*, obtint un succès mérité, et bientôt son *Jérémie*, que nous avons vu au salon de 1837, à Paris, vint mettre le sceau à sa réputation et donner toute la portée de son talent.

Édouard Bendemann est actuellement professeur à l'Académie de Dresde. Ce peintre est, avec Lessing, un des élèves de Schadow qui acquirent un véritable talent et obtinrent le plus de succès.

— Le départ du jeune Tobie, par *Jhlée*, de Cassel.

> Le jeune homme l'embrasse et s'apprête au voyage;
> Il presse en gémissant sa mère sur son sein.
> Trois fois, guidé par l'ange, il se met en chemin;
> Mais trois fois il s'arrête, et trois fois renouvelle
> Ses adieux et ses cris. Alors le chien fidèle,
> Seul ami demeuré dans la triste maison,
> Court et du voyageur devient le compagnon. (*Tobie*, de Florian.)

Tel est le sujet du dessin. De chaque côté se trouvent des médaillons représentant deux épisodes du voyage du jeune Tobie. Dans l'un il est sauvé du poisson par l'archange Raphaël; dans l'autre, il sauve la vie à son père.

Cette belle composition est due au crayon d'un jeune artiste de seize ans, M. Jhlée, dont le talent précoce annonce un grand maître, et dénote assez un élève du directeur de l'Académie de Cassel, le célèbre professeur Muller.

Funchall (capitale de l'île de Madère), par *Thomas Ender*, de Vienne.—L'île de Madère, près de la côte occidentale de l'Afrique, au nord des îles Sauvages et Canaries, appartient aux Portugais. La ville, grande, belle, et fort agréable à habiter à cause de la douceur du climat, est bâtie en amphithéâtre. Les maisons sont échelonnées sur le flanc d'une montagne qui la domine. Son vaste port, dont l'entrée est défendue par deux forts, est dangereux; les vaisseaux ne peuvent y séjourner longtemps. Vue de la mer, cette ville ainsi construite, éclairée par un beau soleil couchant, présente un aspect magique.

M. Ender, artiste distingué, accompagna, par ordre de l'empereur François II, l'archiduchesse Léopoldine, épouse de don Pedro, qui se rendait au Brésil. Il devait rapporter les vues les plus intéressantes de ce pays si fertile en sites pittoresques.

Autographe de Stuyvesant. — Stuyvesant fut le dernier gouverneur de la dynastie hollandaise dans l'État de New-York de 1647 à 1664. Pendant ce temps il eut à repousser les Suédois et les Anglais, auxquels il fut enfin contraint de céder l'État.

Autographe de Roger Williams. — Roger Williams naquit dans la principauté de Wales (Angleterre) en 1598. Après avoir terminé ses études dans la collégiale d'Oxford, il reçut les ordres dans l'Église réformée, mais embrassa bientôt après les doctrines des Puritains, ce qui le contraignit à passer en Amérique en 1623. Ses principes religieux attirèrent sur lui l'indignation des autorités de Massachusetts ; il en fut banni. Il se retira à Providence, dans l'État de Rhode-Island, où il fonda une société où l'intolérance était inconnue, et mourut en avril 1683.

Autographe de Ge. Winthrop. — Ge. Winthrop, premier gouverneur de la colonie anglaise de Massachusetts, dont il fut un des fondateurs, était né en 1587 à Gorton au comté de Suffolk, et avait quarante-deux ans lorsqu'il s'embarqua pour l'Amérique, muni de lettres patentes pour la fondation de la colonie et du titre de gouverneur ; il mourut en 1649.

Autographe de John Winthrop, gouverneur du Connecticut. — John Winthrop, fils du précédent, fut gouverneur de la colonie du Connecticut, administra avec beaucoup de sagesse, et mourut en 1676.

Autographe de H. Vane. — Sir Henry Vane naquit en 1612 ; il fut gouverneur du Massachussetts ; sa conduite était si fanatique que la colonisation eût été ruinée s'il n'eût été rappelé. Membre du Parlement en 1640, il fut un des plus ardents promoteurs de la ligue connue sous le nom de *Covenant*, mais ne prit aucune part à la condamnation du roi, et résista tellement à Cromwell, que cet usurpateur le fit enfermer dans le château de Carisbrooke. Après la mort d'Olivier Cromwell, il proposa une nouvelle forme de gouvernement républicain, mais la nation avait déjà trop souffert de telles spéculations. A la restauration, il fut accusé de trahison et décapité à Tower-Hill, le 14 juin 1662.

Autographe de Cotton Mather. — Cotton Mather, savant théologien de Nouvelle-Angleterre, né à Boston le 12 février 1662. Puritain fanatique q s'exerça dès sa plus tendre jeunesse à la prière, au jeûne et aux mortification Il s'appliqua à la médecine, quitta la médecine pour la théologie, reçut l ordres le 13 mai 1684, et devint pasteur de l'église du nord (North church) Boston. L'un des traits dominants du caractère de cet homme remarquable, éta la croyance au pouvoir de la magie, croyance qui le porta à agir avec rigueu envers les malheureux qui, à la fin du dix-septième siècle, furent accusés d sorcellerie et exécutés à Boston et dans d'autres parties de la Nouvelle-Angle terre. Cotton Mather mourut le 13 février 1728 ; il était membre de la sociét royale et docteur en théologie de l'université de Glascow. Il composa un gran nombre d'ouvrages dont le total se monte à 382.

Autographe de Guillaume Penn. — William Penn était né à Londres en 1644 Dans sa jeunesse il se joignit à la secte des amis ou quakers et fut chassé d l'université d'Oxford, comme non-conformiste. Son attachement opiniâtre au principes qu'il avait adoptés lui attira l'indignation de son père, ce qui fut pou Penn une cause de chagrins, sans pouvoir toutefois le faire abandonner la secte qu'il s'était choisie. En 1668, il prit la plume pour défendre ses principes, ce qui lui valut un assez long emprisonnement. En 1681, ne trouvant aucun relâche aux persécutions dont il était l'objet, il demanda à Charles II des lettres patentes pour le gouvernement d'une province et fonda sa constitution de Pensylvanie. Il passa deux années à parcourir en personne sa province, à régler les affaires de Philadelphie, et établir des relations amicales avec ses voisins. Jamais il ne viola le traité qu'il avait conclu avec les Indiens. Il fit une seconde visite en Pensylvanie en 1699; mais les complots de ses ennemis le rappelèrent à sa résidence en 1701. Il mourut en 1718.

Autographe du général Ant. Wayne. — Antony Wayne, général pendant la révolution américaine, né en Pensylvanie le 1er janvier 1745. Après avoir servi son pays dans l'état civil, il forma en 1775 une compagnie de volontaires dont il fut créé colonel. Il fit preuve d'une grande prudence dans la retraite du Canada, et fut fait brigadier général par le congrès continental, le 12 février 1777. Il se distingua dans la bataille de Brandgwine, et parvint à enlever d'assaut Stony-point. Il servit pendant toute la guerre et succéda, par ordre de Washington, au général Saint-Clair, dans le commandement de l'armée envoyée contre les Indiens des frontières de l'ouest. Le 20 août 1794, il remporta une victoire près de Mianis sur les lacs, et termina heureusement la guerre. Il mourut en 1796.

Autographe de Joseph Warren. — Joseph Warren, officier général américain, né à Roxburg, dans le Massachusetts, exerçait la profession de médecin avec beaucoup de succès à Boston. Il obtint le grade de major-général quatre jours avant la bataille de Bunkers-hill (1775) et mourut quelque temps après d'une blessure.

Jésus au jardin des Oliviers, par *Schadow*, directeur de l'Académie de Dusseldorf, correspondant de l'Institut de France. — Le comte Athanase de Raczinski, en décrivant dans un ouvrage devenu classique (1) tous les tableaux de Schadow, cite celui de *Jesus sur la montagne des Oliviers*. Le dessin que nous donnons en est la première pensée

Schadow est le chef de l'école de Dusseldorf. Savant, noble, puissant, d'un talent réel, ce peintre a mérité la grande réputation dont il jouit.

Apparition de Jésus aux quatre évangélistes, par *Jules Hubner*, de l'Académie de Dusseldorf. — « Ce magnifique tableau peut être placé à côté des meilleurs ouvrages anciens, sans que ceux-ci lui fassent de tort. Il est classique sans être monotone; le style en est grand sans affectation. Dans les figures des apôtres, l'artiste a été fidèle aux types traditionnels, sans que cependant l'expression et la pensée de ces figures manquent d'originalité. » Tel est le jugement que l'auteur de l'*Art moderne en Allemagne* a porté sur la peinture que nous reproduisons d'après un dessin d'Hubner lui-même, et que cet artiste offrit à M. Vattemare à son passage à Dusseldorf.

Jules Hubner est né à Œls, en Silésie, en 1806. Il s'est fait remarquer de bonne heure par la fraîcheur de son coloris et l'harmonie de ses teintes. Outre son tableau de Jésus et les quatre évangélistes, plusieurs autres compositions le placent au premier rang parmi les meilleurs peintres de l'Allemagne; nous citerons surtout *Roland délivrant la princesse Isabelle*, *Samson* et l'*Age d'or*, trois ouvrage d'un grand mérite.

Disons ici qu'il y a en Allemagne deux écoles bien tranchées, celle de Munich (Cornelius, chef); celle de Dusseldorf (Schadow, chef, directeur de l'Académie de cette ville); Jules Hubner est l'élève aîné de Schadow.

Deux eaux fortes, d'après des romans de Walter-Scott, par *Ch. Jacques*. — Nous devons à M. Ch. Jacques deux belles eaux fortes dont le sujet est emprunté

(1) L'Art moderne en Allemagne. 1836.

à Walter-Scott, que nous aurons bientôt occasion de citer. On y reconnaît manière vigoureuse et colorée de cet habile artiste qui se sert avec un ég bonheur du burin et de l'eau forte, et qui sait plier ces deux genres de gravu au gré de ses spirituelles fantaisies.

AUTOGRAPHE DE MENTCHIKOFF, femme du célèbre favori de Pierre-le-Gran

AUTOGRAPHE DU COMTE ROSTOPSCHINE.

AUTOGRAPHE DE KASLOFF, aveugle, poète célèbre.

AUTOGRAPHE DU BAILLI DE TATISCHEF, ancien ambassadeur de la cour de Russ à la cour de Vienne.

AUTOGRAPHE DU COMTE MICHEL WORONTZOF, gouverneur général d'Odessa.

AUTOGRAPHE DU GÉNÉRAL KRUSENSTERN.

AUTOGRAPHE DU COMTE IGNACE DE TURKULL.

AUTOGRAPHE DU PRINCE WIAZEMSKI.

AUTOGRAPHE DU PRINCE LUBECKI, membre du conseil de l'Empire, ancien ministre des finances de Pologne.

AUTOGRAPHE DE LA GRANDE DUCHESSE HÉLÈNE, femme du grand duc Michel

AUTOGRAPHE DE NATALIE MENTCHIKOFF, fille du favori de Pierre-le-Grand.

AUTOGRAPHE DU PRINCE KOZLOFSKI.

AUTOGRAPHE DE KARAMZINE, historien russe.

AUTOGRAPHE D'ALEXANDRE MARLINSKY.

AUTOGRAPHE DU COMTE BLOUDOFF, ministre de l'intérieur.

AUTOGRAPHE D'OKOUNIEF.

AUTOGRAPHE DU COMTE KISSELEFF, ministre des domaines.

PORTRAIT D'OSCEOLA. — Osceola, très-célèbre chef de la tribu des Séminols des Florides, qui résista pendant plus de dix ans à toutes les forces des États-Unis et ne succomba qu'à la ruse. Mort, prisonnier des Américains en 1838, il se laissa mourir de faim plutôt que d'accepter de la nourriture des mains de ces perfides ennemis.

CHIENS LEVRIERS, par *J. Carl Schulz*, frère du peintre de batailles, de Berlin.—Ce peintre a sa place marquée parmi les premiers artistes de la Prusse ; il est directeur de l'école de Danzig, et professeur et membre de l'Académie royale de peinture.

*Autographe de l'*EMPEREUR ALEXANDRE. — ALEXANDRE PAULOVITSCH, empereur autocrate, né le 24 décembre 1777, monta sur le trône le 24 juillet 1801, et mourut à Taganrog, le 19 novembre 1825.

Autographe de LA HARPE (le général), né à Lausanne; il fut l'instituteur de l'empereur Alexandre et fondateur de la république du canton de Vaud.

Autographe de JEAN MAZEPPA, hetman des cosaques de l'Ukraine. Le nom de Mazeppa rappellera aussitôt une des belles compositions de M. Horace Vernet. L'autographe que nous reproduisons donne les dernières lignes d'une lettre que l'hetman de l'Ukraine écrivit à un grand personnage pour le remercier de toutes ses politesses et lui souhaiter mille prospérités.

Cette lettre est datée de Toudeno, le 25 juin 1706.

Autographe de DANILEFSKY, général et historien.

Autographe du COMTE DE NESSELRODE. — Le comte CHARLES-ROBERT DE NESSELRODE, vice-grand-chancelier de l'empereur de Russie, est né en 1770, d'une famille d'origine hanovrienne, dont une branche s'est fixée en Livonie. Son père était ministre plénipotentiaire de Catherine II, auprès des ducs de Wurtemberg.

Autographe de POUSKINE. — Nos journaux ont annoncé la mort de l'infortuné Pouskine, dont les Russes redisent les poésies, comme les Allemands chantent les vers de Schiller, et les Gondoliers de Venise les strophes du Tasse. Pouskine n'était pas moins poëte qu'eux; *les Bohémiens*, Onégrime, don Juan, Boris Goudounoff, le Prisonnier du Caucase, Russlane et Ludmila, Bakchisoraï, et tant d'autres productions, l'ont mis au rang des écrivains les plus célèbres de son époque. Le Prisonnier du Caucase, qu'il composa pendant ses voyages, est un poëme didactique dans lequel il a décrit les sites pittoresques de la Crimée; dans les Bohémiens, il a dépeint avec un charme entraînant les mœurs de ce peuple nomade; mais parmi ses compositions les plus estimées, sa belle tragédie de Boris Goudounoff passe justement pour son chef-d'œuvre. Par son génie et la pureté de son style, il a été le créateur de la littérature russe; mais en prêchant d'exemple, il s'est placé trop haut pour être facilement imité. Sa mère était fille d'un prince nègre, favori de Pierre-le-Grand, et le poëte, dit-on, portait encore quelques traces de son origine. Élevé au lycée de Saint-Pétersbourg, où il reçut une éducation libérale, son exaltation le porta de bonne heure à la tête du parti démocratique; ses premières poésies furent franchement révolutionnaires, et le firent exiler en Bessarabie, puis au Caucase. Il rentra en grâce à l'avénement de l'empereur Nicolas, qui le nomma gentilhomme de sa chambre, et le chargea d'écrire l'histoire de Pierre-le-Grand. Je ne suis plus populaire disait-il, depuis lors; mais la célébrité européenne attachée à son nom et à ses œuvres valait bien cette popularité qui l'avait séduit. Le malheureux duel dans lequel il a succombé, à l'âge de 38 ans, a été pour la Russie un des événements les plus déplorables. Le fragment de la lettre dont nous donnons le fac-simile fait allusion au talent mimique de M. Al. Vattemare, auquel le poëte écrivit trois ans avant sa mort.

Autographe de Volkousky, ministre de la maison de l'empereur.

Autographe de Ouvaroff, ministre de l'instruction publique de Russie, doyen des membres correspondants de l'Académie des Sciences de France.

Autographe du Comte Paskevitch d'Érivau, prince de Varsovie.

Les Shakers. — En Amérique, chacun adore Dieu à sa manière, et non-seulement le culte, mais encore la divinité change selon les individus. Les uns adorent Dieu, d'autres Mammon; ceux-ci croient au Christ, ceux-là le rejettent, et d'autres n'admettent ni Dieu ni son fils; quelques-uns ont la ferme foi qu'ils iront au ciel par eau, tandis que d'autres s'imaginent qu'il faut danser pour avoir la vie éternelle. C'est parmi ces derniers que se rangent les Shakers ou trembleurs; voici en quoi consistent leurs cérémonies : Ils se rassemblent dans une vaste salle où ils commençent par s'asseoir sur des tabourets, les hommes en face des femmes, chacun d'eux portant sur le bras un large mouchoir de toile; puis ils se mettent à rouler leurs pouces l'un sur l'autre en levant les yeux au ciel et en faisant les grimaces les plus bizarres. Tout à coup un des anciens se lève; et après avoir prié les spectateurs *de se conduire d'une manière décente, de ne pas rire surtout*, il entonne un chant d'un rhythme saccadé auquel tous les autres se joignent en chœur. La dernière cadence de l'hymne est pour eux comme le son de la trompette; ils se lèvent avec vivacité, jettent leurs tabourets et se rangent sur huit de front, les deux troupes en présence, à la distance d'environ dix pieds. Puis ils commencent à sauter, en s'avançant et reculant alternativement, en maintenant leurs distances et se tournant dos à dos lorsqu'ils s'approchent pour la troisième fois. Ils chantent, en dansant, ce refrain qu'il est impossible de traduire :

Law, law, de lawdel law,
Law, law, de law;
Law, law, de lawdel law,
Lawdel, lawdel, law...

Leurs pieds battent la mesure ; les bras, rapprochés du corps , se relèvent de manière à serrer la poitrine ; et les mains s'agitent en cadence comme les pattes de devant d'un ours qu'on fait danser. Au bout d'un quart d'heure, ils s'arrêtent, et, s'étant assis, ils se servent des mouchoirs dont nous avons parlé pour s'essuyer le visage. Puis ils entonnent un autre hymne dont le refrain est (traduction aussi littérale que possible) :

Notre ame et notre corps sont mis en liberté;
Nous sommes purs du vice et de l'i-ni-qui-té...

Ils scandent ce dernier mot d'une façon tout à fait bouffonne. Quand ce chant est terminé, ils se relèvent, jettent de nouveau leurs tabourets et recommencent à danser. Mais la figure change, c'est une espèce de grande ronde. Dix danseurs, hommes et femmes, se placent sur deux lignes au milieu de la chambre, c'est le chœur de chanteurs; tous les autres, deux par deux, les femmes d'abord, se mettent à courir autour. Cette danse dure assez longtemps; elle ne cesse que lorsque la voix des chanteurs n'est plus qu'un sourd croassement, et que les danseurs sont couverts de la transpiration la plus abondante. Leurs exercices du jour sont alors terminés, et ils se séparent en se disant « Au revoir. »

Les Shakers tiennent leurs assemblées seulement dans l'État de New-York, à New-Lebanon, près d'Hudson, et à Niskayuna, à cinq milles de Troy. Les biens de ces sectaires sont en commun, et leurs terres sont parfaitement administrées; on prétend qu'ils sont fort riches. Ils veulent la fin du monde : comme il n'y a qu'un moyen d'arriver à ce but, parmi eux le mariage est interdit, et quoique les sexes soient mêlés, ils professent les vœux du célibat et de la chasteté.

Notre-Dame de Paris, par *André Durand*, dessinateur français. M. André Durand a collaboré à tous les ouvrages importants publiés sur les monuments de l'Europe.

Médaille et Autographe de Frédéric II, roi de Prusse. L'histoire a inscrit le nom de Frédéric II parmi ceux des grands rois : les guerres qu'il soutint, l'habileté de sa politique, ses écrits et ses actes, en un mot tout ce qui se rattache à sa vie, à son caractère, aux fastes de son règne, a été consigné dans cent ouvrages. La biographie de ce monarque philosophe et guerrier serait donc superflue. La médaille qui figure en tête de notre planche est due à un artiste hollandais; elle fut frappée à la mort de Frédéric, en 1786.

Autographe de OTTO GUÉRIKÉ. Chimiste et physicien distingué, Otto Guerikė s'acquit la reconnaissance des amis des sciences en inventant la Machine pneumatique.

Autographe de FERDINAND, DUC DE BRUNSWICK. Ferdinand, duc de Brunswick, un des généraux les plus célèbres de la guerre de Sept ans, naquit en 1721; vainqueur à Crevelt et à Minden, il termina sa carrière militaire en 1763, et se démit du commandement de l'armée sans avoir fait sa fortune. Il mourut en 1792.

Le billet autographe que nous reproduisons est adressé à son secrétaire avec ces mots : « *C'est de moi, affaires pécuniaires.* »

*Autographe d'*ANNA SCHURMANN, surnommée la *Sapho du Nord.* — Anna Maria Schurmann, d'origine allemande, se rendit célèbre par ses poésies vers le commencement du dix-septième siècle. La lettre que nous reproduisons est datée de Rhéna, le 25 août 1623.

Autographe du maréchal BLUCHER. Le prince Blücher de Wahlstadt naquit à Rostack en 1742. Il servit d'abord dans les armées suédoises. Pris par les Prussiens durant la guerre de Sept ans, il devint capitaine au service du Grand-Frédéric; il demanda sa retraite, et ne rentra au service, avec le grade de major, qu'en 1786, sous Frédéric-Guillaume; colonel en 1792, général-major en 1793, lieutenant-général en 1806, il fut pris dans Lubeck et échangé contre le maréchal Victor. Il vécut dans la retraite jusqu'en 1813, où il commanda en chef l'armée de Silésie; il fut nommé successivement feld-maréchal et prince de Wahlstadt. Il décida, avec un corps de troupes fraîches, la bataille de Waterloo. Il mourut en 1819.

Autographe de HUFELAND. — Christophe-Guillaume Hufeland, premier médecin du roi de Prusse, etc., est né dans le grand duché de Saxe-Weimar. D'abord professeur à l'université d'Iéna, il fit paraître plusieurs ouvrages de médecine. Il mourut en 1838, directeur du collége de Médecine et de Chirurgie de Berlin.

Mort de DON ALVARO DE LUNA, ministre favori de Juan II de Castille, 1390-1453, par *F. Madrazo.* — Nous avons à MM. Madrazo frères une double obligation; au premier, M. le chevalier Frédéric, la composition et la lithographie de la mort de Don Alvaro de Luna; au second, M. Pierre Madrazo, adonné à la littérature, une notice sur cet épisode sanglant de l'histoire d'Espagne.

On peut tout louer dans le travail et la mise en scène du jeune artiste qui fait déjà plus que promettre un grand peintre la nouvelle école espagnole.

Nos lecteurs jugeront du mérite de la notice qui explique la lithographie. Nous l'insérons telle que nous l'a gracieusement offerte M. Pierre Madrazo.

« Mon cher monsieur Vattemare,

« Le croquis lithographique que mon frère a le plaisir de vous offrir pour votre charmante publication, représente un des faits les plus remarquables des annales européennes du quinzième siècle.

« La mort de don Alvaro de Luna est un des résultats les plus frappants de cette mystérieuse harmonie providentielle qui constitue l'histoire du monde. — C'est un des traits sanglants dont le doigt de la justice éternelle s'est servi de temps en temps pour flétrir et humilier les ambitions monstrueuses des enfants de la vanité. — Voilà le grand connétable de Castille, le grand-maître de l'ordre de Saint-Jacques, le plus puissant des seigneurs de la terre après les rois; cet homme, dont l'avarice et l'orgueil remplirent sa patrie de troubles et de confusion; le voilà abandonné de son roi, arrêté, condamné à mort. Il ne lui est pas permis de repousser les faux témoignages, de se défendre contre ses accusateurs, lui dont le bon plaisir avoit immolé à sa folie tant de familles innocentes, lui le puissant seigneur de plusieurs villes, que la justice humaine n'aurait pu atteindre, ayant tous les moyens d'échapper à une procédure légitime. Aussi devait-il être arbitrairement emprisonné dans ses propres forteresses, et, par un jugement illégal et précipité, livré quelques moments après aux consolations de deux pauvres moines qui devaient l'accompagner au supplice. — Quand sa tête livide sera exposée à la terreur salutaire de la foule étonnée et muette qui presse le noir échafaud, l'homme dont la puissance et les richesses égalaient celles de Don Juan de Castille sera enterré avec les aumônes du peuple dans le cimetière des malfaiteurs! — Oh! éternelle Providence! l'historien sceptique ne voit dans la chute du colosse que le jeu de la fortune, la haine et la vengeance d'un roi, colosse plus puissant encore; mais cette multitude consternée que tu venges, qui conserve dans son instinct et ses traditions le souvenir de tes apparitions sur la terre et reconnaît les signes de ta justice, contemple avec effroi l'imposant spectacle d'une expiation nécessaire, et, montrant à la génération qui s'élève le cadavre mutilé de la victime, répète à son oreille le mot terrible de *châtiment de Dieu!*

« C'est ce qu'il avait senti lui-même, l'infortuné favori : « *J'ai mérité encore davantage!* » Telles sont les humbles paroles qu'il prononça, quand, après avoir monté les degrés de l'échafaud et adoré la sainte Croix, on lui lut la sentence. — Car cet homme était chrétien, et dans le moment solennel où la cloche du trépas éloignait de son âme les rêves trompeurs de sa vanité et lui rappelait la foi de ses jours d'innocence, il voulut mourir dans la pratique des vertus de résignation et de pardon,

Fantasmas de gloria alzaronte
A un cadalso à dispertar !

Il donna son anneau au jeune page Morales, qui, fidèle serviteur, l'avait suivi dans le douloureux trajet, et lui dit : « *Voilà la dernière chose que je puis te donner!* » Le page pleura amèrement, et ses sanglots furent entrecoupés par les sanglots de la multitude attendrie. — Le connétable se coucha ensuite sur le drap noir qui couvrait l'échafaud, et le bourreau lui plongea le couteau dans la gorge. Un morne silence s'ensuivit. — Le ciel était couvert de nuages. C'est le bras de Dieu qui vient de frapper : son ombre a passé sur la terre.

« Cette exécution eut lieu sur la grande place de Valladolid, le 7 du mois de juin, en l'année 1453. Telle fut la fin du grand politique qui avait servi pendant quarante-cinq ans un prince faible et jaloux de sa dignité, et qui pendant trente ans avait gouverné le roi et le royaume avec un pouvoir absolu.

« La reine croyait l'immoler à sa haine. Le monarque son époux se reprocha par la suite son inconstance, et poursuivit avec la même lâcheté ceux qui l'avaient aidé à se débarrasser du puissant favori.

« Si quelque jour, parcourant l'Espagne, vous vous arrêtez à Valladolid, faites-vous conduire à la *Plaza-Mayor;* vous y verrez sur le front d'une maison une grande tête de bronze bâillonnée, monument que la postérité a religieusement conservé. L'un des faux témoins qui déposèrent contre le connétable habitait dans cet endroit, et le roi le récompensa de son vivant avec cette marque ignominieuse, qui, après la démolition de l'ancien bâtiment, fut placée dans la nouvelle maison qui fut construite, et cessa d'être un châtiment infâme pour devenir un souvenir historique. De la pl célèbre de 1453, il n'y reste peut-être que quelques dalles usées du superbe couvent de *San-Franci* dont j'ai plusieurs fois admiré l'église, qui n'existe plus. Mais dans la cathédrale de Tolède, nous g dons intacte la somptueuse chapelle de *San-Yago* (Saint-Jacques), bâtie par le connétable Don Alv de Luna, et dans laquelle, peu d'années après sa mort, le corps fut déposé dans un magnifique to beau de marbre. Dans cette chapelle reculée du temple gothique, et le regard attaché sur la blan figure du grand-maître qui dort de son sommeil de pierre, nous puisons dans la solitude et la mé tation deux pensées véritablement fécondes : La vanité qui tue et tourmente, — la religion qui viv et console.

« Je vous prie, Monsieur, d'accepter, avec cette légère notice, l'assurance de ma parfaite consic ration.

« PEDRO DE MADRAZO. »

Vue du lac de Nemi, par ROTTMAM de Munich. — On appelle encore *Numico* bourg qui a pris son nom du lac de Nemi ; l'un et autre sont situés à six lieu S. S.-E. de Rome : vous y voyez aujourd'hui le château appartenant au prin de Césarine. — L'esquisse qui a servi à la lithographie est pleine de finesse de liberté, elle donne une idée exacte de la localité ; les plans y sont bien ol servés ; elle reproduit l'effet accoutumé de ces délicieux environs que la grande romaine peuplait dans ses grands jours de prospérité. Les Césars, le Sénat l'Aristocratie quittaient Rome pour trouver le calme et le bonheur dans l champs, et venaient se délasser dans ces *Villæ*, pour la plupart oubliées ou dé sertes aujourd'hui.

L'artiste est compté au nombre des peintres célèbres de Munich; les fresqu peintes sous les arcades du palais du roi à *Hof-Garten*, celles qui représente des vues de Grèce et d'Italie, sont dues au pinceau de Rottman. Sous ces pein tures de Rottman le roi de Bavière y a peint lui-même d'autres paysages.

Médaille et authographe de S. M. FRÉDÉRIC-GUILLAUME III. — Frédéric-Gui laume III, fils de Frédéric-Guillaume II, né le 3 août 1770. Il assista, en 1792 comme prince royal à l'expédition de Champagne, et se fit dès-lors remarque En 1793, il épousa Wilhelmine-Amélie de Mecklembourg-Strelitz, et succéd à son père le 16 novembre 1797. Durant les guerres qui, pendant vingt année embrasèrent l'Europe, il se montra toujours zélé partisan de la paix. Il pri une part active au traité de Fontainebleau en 1814, et au congrès d'Aix-la Chapelle, en 1818.

Frédéric-Guillaume III, est mort le 7 juin 1840.

Médaille et autographe de S. A. R. LE PRINCE ROYAL DE PRUSSE, aujourd'hui Fré dérick-Guillaume IV, roi de Prusse, né à Berlin le 15 octobre 1795.

Le *fac-simile* que nous donnons de la lettre de ce prince est une nouvelle preuve de la noble protection qu'il daigne accorder aux arts et de sa bienveillance pour M. Vattemare, dont le précieux album semblait destiné à recevoir le tribut de tous les genres de célébrité.

La médaille de cette planche représente le Prince royal et son épouse; elle a été frappée à l'occasion du mariage de LL. AA. RR. Son exécution est due à Brandt, graveur de la monnaie de Berlin, qui obtint le grand prix de gravure de Paris, en 1813.

*Autographe d'*ÉLISABETH-LOUISE, reine de Prusse. — Élisabeth-Louise, fille de Maximilien, dernier roi de Bavière, sœur jumelle de la duchesse Jeanne de Saxe, née le 13 novembre 1801, mariée au roi de Prusse actuel le 29 novembre 1823.

Autographe de M. ALEXANDRE DE HUMBOLDT. Ce n'est pas ici le cas d'entreprendre la biographie de M. de Humboldt; nous aurions trop à faire de suivre ce célèbre vayageur dans toutes les contrées qu'il a parcourues, de rendre compte de tous les ouvrages qu'il a publiés, et d'énumérer les nombreux services qu'il a rendus à la science.

Autographe de SCHLEGEL. Dans le nombre des authographes de notre ouvrage, on verra sans doute avec plaisir le fragment d'une lettre que le célèbre SCHLEGEL, un des savants les plus recommandables d'Allemagne, adressa à M. Vattemare, le 15 décembre 1834.

Fondation de l'œuvre des Orphelins du choléra, par MONSEIGNEUR L'ARCHEVÊQUE DE PARIS, *peint par* DUCORNET, *né sans bras.*

L'année 1832 est une de ces époques qui restent à jamais dans le souvenir des peuples, et qui servent de jalon à la mémoire quand elle veut remonter le passé; en France, et surtout à Paris, c'est une ère de regrets pour la plupart des habitants, pour tous une ère d'effroi et de reconnaissance. Qui ne se rappelle l'ange exterminateur planant, le glaive en main, sur la triste cité? Qui ne voit encore la faux de la mort moissonnant indistinctement dans tous les âges, dans tous les rangs; atteignant le pauvre dans son réduit, le riche en son palais, la mère de famille, la jeune fiancée, le vieux vétéran des batailles, l'enfant au sein de sa nourrice, le prêtre même à l'autel? Qui peut oublier ce chaos, ce gouffre où l'inévitable fléau entassait pêle-mêle les vices, les vertus, les passions, les talents; cette marche incessante de convois, ces lugubres cloches sans repos, ces longues files de chars stationnant sur nos places, cette épouvantable réalité de 1,800 décès dans un jour, et tant d'orphelins laissés nus sur la plage!

Mais à côté du mal toujours la Providence a placé le remède. En repassant ces tristes annales, la postérité dira aussi qu'à cette époque le troupeau terrifié avait un bon pasteur, un pasteur aussi tendre que courageux, qui sans cesse veillait sur lui, sans cesse priait pour lui; elle dira qu'au premier signal de l'affreuse contagion il sortit de la retraite; qu'inaccessible à toute crainte, digne émule des Borromée, des Belzunce, des Vincent de Paul, il ne consulta que son amour, ne connut que son devoir; elle le montrera, dans ces jours de consternation, aux postes les plus périlleux, dans les lieux les plus infectés, au chevet des agonisants, toujours la consolation et le pardon à la bouche, ouvrant aux moribonds les portes du ciel, adoptant leurs enfants, et, pour accomplir sa promesse *que ses forces s'épuiseraient avant sa tendresse pour eux*, fondant l'œuvre de Saint Vincent de Paul pour les orphelins par suite du choléra, œuvre admirable dont la France s'enorgueillit et que n'eût pas désavoué le saint patron qui la protége.

Il ne peut être ici question de rappeler les incroyables succès de cette œuvre, ni de proclamer les services déjà rendus depuis son origine à plus de mille orphelins. D'autres voix plus éloquentes s'acquittent trop bien chaque année de cette tâche; nous n'avons qu'à examiner le tableau par lequel M. Ducornet, cet artiste prodigieux né sans bras, a voulu en perpétuer le souvenir. Inspiré par tant de désastres, par le sublime dévouement de l'archevêque, M. de Quélen, il a créé cette belle composition de quarante figures que nous offrons à nos souscripteurs. C'est l'exacte et sincère représentation des scènes de 1832 et des sentiments qui inspirèrent alors le fondateur de l'œuvre. C'est la traduction parfaite de cette lettre pastorale d'une si douce éloquence, qui en a jeté les premiers fondements.

Dans le lointain du tableau on aperçoit Paris. Paris devenu cimetière, enveloppé d'une atmosphère de deuil et de terreur, au travers de laquelle percent le dôme de Sainte-Geneviève et les tours de Notre Dame; de nombreux convois portent les victimes à leur dernière demeure; les chemins sont jonchés de morts et de mourants. Sur le devant, au contraire, l'espérance semble renaître. Monseigneur l'archevêque, debout sur les degrés d'un portique consacré à Saint Vincent de Paul, conjure de la main droite l'ange de la Mort, qui reprend son essor vers le ciel et traverse les airs, en remettant son glaive dans le fourreau. On croit, à voir la position de la tête de l'ange, on croit l'entendre demander au Dieu vengeur : *Est-assez ?* L'archevêque tend la main gauche à de jolis groupes d'enfants du peuple, et semble dire : *Sinite parvulos ad me venire*. Il est entouré de son conseil, représenté par un vicaire-général (le vénérable abbé Desjardins), un prêtre lazariste et un laïc. Puis une dame quêteuse avec sa fille, une dame du Sacré-Cœur, une dame de Saint-Michel, et plusieurs autres sœurs ou religieuses de différentes congrégations qui, dès l'origine, se sont montrées d'ardentes, de zélées auxiliaires de l'œuvre, et qui, par leur concours et leur désintéressement, ont si fort contribué à ses succès; toutes sont occupées à recueillir les orphelins pour les présenter à l'archevêque. *Orphano tu eris adjutor.* N'est-ce pas là toute la pensée de cette œuvre qui restera comme le monument le plus éloquent de ce que peuvent les efforts unis de la religion et de la charité privée?

Ce qui étonne dans le tableau de M. Ducornet, c'est moins la composition que l'exécution. Pourrait-on jamais s'imaginer qu'un pareil ouvrage est celui d'un homme né sans bras ni mains?

MARINE, par *J. Carl Schulz* de Berlin. — Carl Schulz peint les marines d'une manière admirable, ses vagues sont mouvantes de vérité, et son ciel aussi vrai que ses vagues. Nous avons donné un autre dessin de ce même peintre et nous en avons parlé à la page 24.

TARTARE (cavalier démonté), dessin par *S. A. S. le grand-duc Alexandre, prince héréditaire de Russie.* — Ce n'est pas une des singularités les moins caractérisques de notre siècle de lire, parmi les noms d'artistes qui concourent à illustrer cet Album, celui de l'héritier d'un puissant royaume, le grand-duc Alexandre du Russie. S'il est difficile que le talent d'un jeune prince de quinze ans puisse soutenir le voisinage des grands peintres, on doit du moins le féliciter de son goût pour les arts et du concours qu'il accorde à leurs efforts.

MARINE, par *C. Schotel.* — Schotel est un des peintres de marines les plus estimés de la Hollande.

PAYSAGE, par *A. Achenbach de Dusseldorf.* — M. Achenbach, natif d'Aix-la-Chapelle, est l'un des élèves les plus distingués de Schadow. Nous avons vu à nos expositions du Louvre, de bonnes toiles de cet artiste. La facilité de ce peintre est très-grande; on pourrait l'appeler l'Horace Vernet du paysage.

10

Le paysage que nous donnons est la vue de l'église d'un village sur rives pittoresques du Rhin. Il est lithographié par Champin.

-o-o-o-o-

Paysage, par *le même* (Achenbach de Dusseldorf). Une église de villa entourée d'un cimetière. Il est aussi lithographié par Champin.

-o-o-o-o-

Vue de la cathédrale de Ratisbonne, par *Werner*, de l'Académie Leipzig. — Verner est élève de J. Schnorr, directeur de l'Académie Leipzig : ce peintre s'est déjà fait remarquer par plusieurs bons tableau Le dessin que nous donnons ici est lithographié par Monthelier.

-o-o-o-o-

Paysage des environs de Vienne (Autriche), par M. *Moesmer*, l'un d grands artistes de l'école de Vienne et professeur de l'Académie impérial Deux fils de cet artiste marchent dignement sur les traces de leur illustr père.

-o-o-o-o-

Paysan russe, par *le colonel Reutern*, de Saint-Pétersbourg. — Sentiment vérité et délicatesse sont les qualités de ce dessin qui est certainement un de meilleurs que nous connaissions. La copie que nous en donnons est d Challamel.

-o-o-o-o-

Scène d'hiver, par *A. Schelfhout*, de la Haye. — A. Schelfhout est le peintre par excellence des effets de soleil, de la lumière et de la poussière Ses tableaux sont d'une très habile exécution. On peut l'appeler peintre flamand, dans la meilleure acception du mot.

-o-o-o-o-

Paysage, par *Fourmois*, peintre distingué de Bruxelles. Ce paysage représente la vue d'un des sites pittoresques de la Belgique.

-o-o-o-o-

La mort du père Goriot, par *Jules Noguez*, de Paris. — Tout Paris connaît les jolis pastels de J. Noguez. Le sujet que nous donnons est un épisode du *père Goriot*, roman de M. H. de Balzac, auteur des admirables *Scènes de la Vie privée.*

Vue d'Amsterdam, prise de Saardam, par *L. Meyer*, d'Amsterdam. — Ce point de vue rappelle un souvenir historique. Tout le monde sait que ce fut dans les chantiers de Saardam que Pierre-le-Grand, simple charpentier, apprit à construire les vaisseaux.

M. Louis Meyer, peintre de l'Académie d'Amsterdam, est un des grands artistes qui illustrent ce pays. M. Challamel, dans ses albums sur les expositions du Louvre, a enregistré tous les ans les succès réitérés de M. Meyer qui, depuis dix ans, n'a pas laissé passer une exposition sans y envoyer de belles pages.

Vue prise au bord de la mer, par *Biermann*, de Berlin. — Les tableaux de ce peintre sont fort estimés.

Walter-Scott, *sheriff*, et Alexandre, *Rassemblement*, par M. *J.-J. Granville*. — Il est des talents qui n'ont besoin ni d'éloges ni de critique pour être appréciés, et celui de M. Granville est de ce nombre : trop vrai pour passer inaperçu, trop connu pour qu'il soit nécessaire d'en faire sentir le mérite, il porte avec lui son cachet ; son originalité le fait reconnaître au premier coup-d'œil.

Le dessin de M. Granville que nous donnons représente M. Alexandre et Compagnie dans les différents rôles de ses quatre pièces, les *Ruses de Nicolas*, le *Coche d'Auxerre*, le *Diable boiteux*, le *Comédien en prison*. Un impromptu de Walter-Scott adressé au célèbre mime, si heureusement surnommé *Alexandre-Rassemblement*, a fourni à l'artiste le sujet de cette composition. L'illustre romancier, en sa qualité de shériff, vient de lire, devant la burlesque fantasmagorie, le *Riot-act*, et lui ordonne de se disperser. (Voir dans une de nos planches d'authographes, celui de Walter-Scott.)

Cavalier Tartare, dessin par *S. A. S. le grand-duc Alexandre*. — Ce dessin est le second que nous donnons du prince héréditaire de Russie (aujourd'hui l'empereur de Russie).

Vue de Terracine, par *Mauck*, de Berlin. Cette vue est prise à l'entrée de la rue Neuve, du côté opposé à la porte principale.

Terracine est une petite ville de l'Etat de l'Eglise, sur la rive gauche du canal de Portatore, à l'extrémité des Marais-Pontins.

Mauck, de Berlin, mérite la belle réputation dont il jouit. Il est archite de S. M. le roi de Prusse.

-o-o-○○-o-o-

L'Eglise de tous les Saints a Hastings, par *Joseph Nasch*, de Londres. Hastings, petite ville dans le comté de Sussex, de 3,500 habitants, bâtie s les bords de la mer entre deux collines. Elle doit, dit-on, son origine à chef danois, nommé Hastinger, qui la fonda avant la conquête. — C'est da le port de cette ville qu'en 1086 débarqua Guillaume-le-Bâtard, avec s vaillants Normands; c'est dans ce port qu'il coupa toute retraite à ses sold en brûlant les vaisseaux qui les avaient amenés, trait d'intrépidité qu'im plus tard Cortez en débarquant à Santa-Cruz.

Près d'Hastings eut lieu la fameuse bataille qui rendit cette ville à jam célèbre, coûta la vie à Harold, ouvrit au vainqueur le chemin de Londres la conquête de l'Angleterre.

-o-o-○○-o-o-

Intérieur d'une auberge en Italie, par *Lindau*. — Sur le premier plan portrait de Torwaldsen, sculpteur danois, derrière lui le portrait de Linda auteur de ce dessin.

-o-o-○○-o-o-

Paysans a la piste du loup, par *Th. Hosemann*, de Berlin. — Ce peint qui est certainement un des plus charmants peintres de la Prusse, avait e voyé à l'exposition de 1844, à Berlin, plusieurs tableaux d'une exécuti fine et remarquable. Nous avons rapporté en France une collection de *suj de genre* lithographiés en couleur par ce peintre (les 6 planches en chron lotigraphie, qui composent le premier cahier sont assurément ce qui a é fait de mieux en sujets de genre mis en couleur par l'impression). Les t bleaux d'Hosemann sont recherchés par les amateurs et méritent de l'êtr Ils sont étudiés et terminés quand les sujets demandent qu'ils le soient, et sont habilement et adroitement faits lorsqu'il le veut.

-o-o-○○-o-o-

Le Sbitène, par *F. Riss*, de Russie. — Le sbitène est une boisson fort usage en Russie et vendue dans les rues par des marchands ambulant M. Riss est un peintre sérieux et consciencieux, recherchant la forme la couleur, et y atteignant souvent. Nous croyons qu'il a étudié en Franc L'exposition de 1842 nous a fait voir un bon tableau de ce peintre, *Missi du Christ*, publié dans l'Album du salon de 1840, par M. Challamel.

Bas-Relief, par M. *le comte Théodore de Tolstoy*, représentant le *Retour d'Ulysse à Ithaque*, et la *Mort des amants de Pénélope*. — M. Th. de Tolstoy est aussi bon peintre qu'habile sculpteur.

-o-o-◊-o-o-

Femme d'Orient, par *Pickersgill, R.-A.*, de Londres.

Here woman's voice is Never heard: apart,
And scarce permitted, guarded, veiled, to move,
She yields to one her person and her heart,
Tamed to her cage, nor feels a wish to rove:
For not unhappy in her Master's love,
And joyful in a mother's gentlest cares,
Blest-cares! All other feelings far above.
Herself more sweetly rears the babe she bears,
Who never quits her breast, no meaner passion shares.

Biron, *Child-Harold.*

-o-o-◊-o-o-

Autographe de S. A. R. Marie-Amélie, reine des Français. — L'autographe que nous donnons dans cette seconde édition de l'*Album Cosmopolite*, est un de ces nombreux billets par lesquels la reine fait distribuer chaque jour des aumônes. Nous ne pouvions mieux choisir l'autographe de l'Auguste Majesté que sa piété et sa bienfaisance rendent la protectrice de tous les malheureux.

Autographe de Saint-Vincent de Paul, un des plus grands bienfaiteurs de l'humanité. Il naquit en 1576 à Ranquines, dans le diocèse d'Acqs, et mourut à Paris, en 1660. Il fut béatifié par Benoît XIII en 1729, et canonisé par Clément XII en 1737.

Autographe de Condé. — Louis II de Bourbon, prince de Condé, est né à Paris, le 8 septembre 1621; l'un des plus habiles et des plus braves capitaines qu'ait eu la France. Son siècle, devançant la postérité, attacha à son nom l'épithète de Grand. Si Condé, entraîné dans le parti de la Fronde par les injustices de Mazarin envers lui et sa famille, combattit contre son roi, le vainqueur de Rocroi, de Fribourg, de Nordlingue et de Senef, a expié ses torts en écrasant en tant de rencontres les ennemis de la France. Il mourut en 1686, à Fontainebleau, après avoir passé dix ans dans la délicieuse retraite de Chantilly.

Autographe du maréchal de Turenne. — Que dire du grand Turenne que tout le monde ne sache ? Il est des gloires qui se perpétueraient par traditio[n] si l'histoire ne les inscrivait pas dans nos fastes, celle de Turenne est d[u] nombre. — Sa signature est copiée d'une lettre adressée, le 5 avril 1670, madame la landgrave de Hesse-Cassel.

-o-o-o-o-o-

PAYSAGE, par *Poutiata*. — D. Poutiata, aide-de-camp de S. A. I. le grand du[c] Michel de Russie, a fidèlement imité ce qu'il a vu ; les eaux de son dessi[n] réfléchissent bien les teintes vaporeuses d'un ciel brumeux, l'attention de[s] pêcheurs est bien en harmonie avec le calme qui règne dans les alentours.

-o-o-o-o-o-

PAYSAGE, par *Koeckoeck*, d'Amsterdam. — Nous ne pouvons donner aucun[e] indication sur le site que l'artiste a voulu représenter, mais tout nous montr[e] une nature copiée fidèlement et avec une connaissance parfaite de la pers pective aérienne.

-o-o-o-o-o-

AUTOGRAPHE DE S. M. LA REINE DE SAXE. — S. M. Marie, fille de Maximilien, roi de Bavière, épousa S. M. Frédéric-Auguste, roi de Saxe, le 24 avril 1833.

AUTOGRAGHE DE S. M. LE ROI DE SAXE. — La lettre de Frédéric-Auguste fu[t] adressée à M. Alexandre le 17 juillet 1833.

AUTOGRAPHE DE CHRISTIAN VI, roi de Danemark et de Norwège. — Il étai[t] fils de Frédéric IV et monta sur le trône en 1730 ; prince pacifique et observateur zélé de la religion protestante, il aima le faste, et consacra des sommes considérables à rétablir les quartiers de Copenhague détruits par l'incendie de 1728. Il mourut en 1766, laissant les finances dans l'état le plus déplorable.

AUTOGRAPHE DE FRÉDÉRIC-LE-SAGE. — Frédéric-le-Sage, électeur de Bavière, refusa en 1519 la couronne impériale ; il fut le constant protecteur de Luther, et un des premiers à embrasser la réforme. — Sa signature est de 1519.

AUTOGRAPHE DE MÉLANCHTON. — Philippe Mélanchton, ami et collaborateur de Luther, naquit le 16 février 1497, à Breten, dans le palatinat du Rhin. A l'exemple des savants de son temps, il traduisit en grec son nom de Schwarzerd (Melanchton). La cause de la réforme trouva en lui un zélé et puissant défenseur. Sa parole persuasive lui attira l'honneur d'être appelé par François Ier et par le roi d'Angleterre pour calmer les dissensions religieuses. Il mourut à Wittemberg, à l'âge de soixante-sept ans. — Le billet autographe est relatif à un reçu de 75 florins, à la décharge du très honorable Vincent Hase, année 1556.

Autographe d'Auguste II, dit le Fort, roi de Pologne. — Auguste II, électeur de Saxe, naquit à Dresde, en 1670, et fut élu roi de Pologne en 1697. Ce prince était doué d'une vigueur de corps extraordinaire. Il dut à son séjour en France ce ton exquis, ce goût du luxe et des beaux-arts qui rendirent la cour de Saxe une des plus brillantes de l'Europe. Au milieu des plaisirs et des fêtes, il sut braver les hasards de la guerre et supporter la mauvaise fortune avec courage et résignation. — Lettre datée du 4 janvier 1736.

-o-o-o-o-

Jeune fille blessée, épisode de la prise de la Bastille, esquisse d'une partie d'un grand tableau, par *Paul De Laroche.*

L'épisode que nous donnons ici est pris d'une toile que peint en ce moment M. Paul De Laroche. Si nous nous abstenons d'en parler, on concevra notre réserve. Notre devoir se réduit en ce moment à remercier l'artiste qui nous permet de placer son beau nom parmi ceux qui composent notre *Album Cosmopolite.*

-o-o-o-o-

Gravures d'après le procédé de M. *Colas.*

Par *Rauch*, sculpteur, de Paris, Une jeune fille assise sur un cerf; reproduction en relief sur une planche en fer fondu.

Par *Barre*, de Paris, Médaille de M. de Sèze.

Par *Bovy*, de Genève, Médaille frappée pour le 21 janvier 1536, anniversaire de la Réforme de Calvin.

Par *Mills*, de Londres, Médaille de James Watt.

Par *Fabris*, d'Udine, Médaille du Dante.

-o-o-o-o-

Autographe de Silvio Pellico. — Cette lettre a été adressée par l'illustre écrivain italien à M. Antoine de Latour, qui sut si bien interpréter l'œuvre de Silvio Pellico, et dont la traduction de : *mes Prisons* restera comme un des plus beaux monuments littéraires de notre époque. Il faut être poète pour traduire un poète. Tous deux hommes de talent et de cœur, ils devaient se comprendre.

Autographe de Michel-Ange. — Michel-Ange Buonarotti, de l'ancienne maison des comtes de Canosa, naquit en 1474, à Caprée, et mourut à Rom en 1564. Peintre, sculpteur, architecte et poète à la fois, Michel-Ange f un des génies de son siècle. L'autographe que nous donnons est une reco naissance que ce grand-maître souscrivit le 18 octobre 1521, et par laquel il déclare avoir reçu de Jean Spina, 400 ducats d'or, à raison de 50 duca par mois, et en vertu du contrat passé avec le pape Clément, pour l'exéc tion des figures sculptées dans la sacristie de San-Lorenzo.

La vierge de Lurley, *légende des bords du Rhin.* — Le dessin de cette con position a été fait en 1835, par M. Bégas, directeur de l'Académie de Berli pour orner le riche *Album* de M. Alexandre. Les artistes allemands qui le premiers virent ce dessin persuadèrent Bégas de ne pas renoncer à une si de licieuse composition inspirée par quelques vers de Heyne ; c'est ce qui décid l'artiste à faire un tableau sur le même sujet. Cet ouvrage eut un gran succès à Berlin en 1836 ; il valut à son auteur la Médaille d'or et fut achet par un riche particulier de Hanôvre.—M. Bégas a étudié chez Gros, de l'excè de couleur de cette école il s'est jeté dans l'extrême contraire, en se joignan à ses compatriotes qui étudiaient alors à Rome.

Vue de Morne-Roseau, à la Martinique, par *Eug. Cicéri.*—Il est des famille où le talent est héréditaire, comme en d'autres la noblesse. M. Eug. Cicéri fils de celui auquel nous devons tant de magnifiques décorations, n'a pa voulu déroger.

Autographe de Walter-Scott. — Fragment d'un impromptu adressé à M. Alexandre en 1824.

Autographe de Brinkley. — Le docteur Brinkley, évêque anglican en Irlande, astronome célèbre, dont M. Arago a fait un bel éloge à l'Institut.

Autographe de Thomas Moore. — Thomas Moore, si célèbre par ses écrits, est né à Dublin, le 28 mai 1780.

Autographe de monseigneur l'évêque de Norwich. — Le docteur Bathurst, évêque de Norwich, s'est acquis une grande réputation par le discours qu'il prononça en faveur de l'émancipation catholique. Le ministre d'alors voulut acheter son silence en lui offrant le siége de Winchester, un des plus riches d'Angleterre ; mais l'évêque de Norwich préféra suivre l'impulsion de sa conscience, et perdit Winchester. Il est mort dans sa quatre-vingt-douzième année.

Les lettres de Brinkley, de Thomas Moore et de l'évêque de Norwich, que nous donnons, ont été adressées à M. Alexandre Vattemare.

Chateau de Lourdes, par *Monthelier*, de Paris.

Les Enfants endormis, par *Moritz Retzch*, de Dresde.

Autographe de Bilderdyck. — Bilderdyck, né à Amsterdam, le 7 septembre 1756, est regardé comme l'auteur le plus universel de la Hollande : il a écrit sur toutes les matières, et on pourrait le nommer le Voltaire Néerlandais. Ce savant possédait le don de toutes les langues mortes et vivantes. Louis-Napoléon le plaça à la tête de l'Institut royal de Hollande. Il perdit plus tard tous ses titres et pensions, et se vit forcé de reprendre, à 70 ans, le simple professorat qui pouvait le faire vivre. Il mourut à Harlem, le 18 décembre 1831, laissant plus de cent volumes de ses œuvres.

Autographe du comte d'Egmont. — Lorsque le duc d'Albe envahit les Pays-Bas, tous les seigneurs, le prince Guillaume de Nassau à leur tête, s'enfuirent pour éviter une mort certaine. Le comte de Horn et le comte d'Egmont restèrent seuls pour tâcher de conserver leurs biens : « *Adieu, prince sans terre !* » dit ce dernier à Guillaume de Nassau qui partait : « *Adieu, comte sans tête !* » répliqua le prince. Ils disaient vrai tous les deux : le duc d'Albe fit confisquer les biens de Guillaume, et le comte d'Egmont fut décapité.

Autographe de Jean et Corneille de Witt. — Jean et Corneille de Witt naquirent en 1623 et 1625 ; le premier fut grand pensionnaire de Hollande, et le second contre-amiral. Après avoir servi la république dans le conseil comme aux armées, ils périrent l'un et l'autre victimes de la faction des Orangistes. En 1762, une populace, excitée par leurs ennemis, leur fit subir la mort la plus cruelle.

Autographe de l'amiral Tromp. — L'amiral Tromp (Corneille), fils du lieutenant-amiral Martin Tromp, qui fut tué en combattant les Anglais, naquit à Rotterdam, en 1629, et mourut à Amsterdam, en 1691. Capitaine de haut-bord dès l'âge de 21 ans, il châtia les pirates algériens, en 1662, et signala

son courage sous les ordres de Wassenaer d'Obdam, en 1665, dans la guer
contre les Anglais.

Les Laveuses, par *Pinelli*, de Rome.

Paysans du duché de Brunswick, par *Schrœder*. (Duché de Brunswick.)

La nuit entre le sommeil et la mort, par *E. Jacobs*, de Saint-Pétersbour
— M. Jacobs est fils de l'illustre philosophe de Gotha.

Baptême de S. A. I. le grand-duc Nicolas, par *Sauerweid*, directeur
l'Académie de Saint-Pétersbourg.

Autographes de Molière et de sa femme. — Le plus grand génie que
France puisse mettre à côté de ceux de l'antiquité et des temps moderne
c'est sans contredit Molière : celui-là est compris de toutes les nations, q
lui rendent le même culte que rendent les Français à Homère, à Dante,
Shakspeare.

Autographe de Rabelais (François). — Le joyeux curé de Meudon, né ve
l'an 1485, à Chinon, petite ville de la Touraine, mort à Paris vers 1555.

Autographe de Malherbe (François de), né vers 1555, dans la ville
Caen, mort en 1618.

Derniers moments de l'empereur Alexandre, par M. *Gallait*, peintre belg
— Cette scène historique ne manque ni de pathétique ni de naturel : la do
leur est partout ; la pose des personnages est vraie. Cette esquisse est tr
remarquable pour que M. Gallait ne la mette pas plus tard sur une gran
toile.

L'empereur Nicolas apaisant une émeute a Saint-Pétersbourg, lors
choléra, en 1831, par M. *Jouy*, de Paris.

Officier circassien, par M. *Sauerweid*, de l'Académie de Saint-Pétersbour

— Ce dessin est le costume d'un des cent nobles circassiens qui composent la garde personnelle de S. M. l'empereur de Russie.

PAYSANS VIERLANDAIS, par *Jacob Gensler*, de l'Académie de Hambourg. — Le talent de Gensler est vraiment hors ligne. Les tableaux de cet artiste sont très-recherchés.

PYRAMIDES NATURELLES DE KOUMBET, par M. le *comte de Laborde*. — L'original de ce dessin a été donné en 1834, à M. Alexandre Vattemare, par M. le comte de Laborde, lors de son retour de l'Asie-Mineure.

VUE DU QUARTIER DE TOP-HANA, à Constantinople, par M. *Ch. Texier*, architecte, de Paris.

FIN.

SCEAUX, IMPRIMERIE DE E. DÉPÉE.

Album Cosmopolite.
magne.
Amérique du nord.
du Sud.
gique.
marck.
gne.
ce.
Grande-Bretagne
lande.
lie.
gale.
sie.
quie.
1839.
Holbein

Paris, Challamel, éditeur.

Lith. J. Rigo et Cie r. richer, 7.

MERCURE DÉCOUVRANT LA TORTUE, (d'Après Homère.)

Julius Schnorr
München, 1833.

Jaime Lith. Paris. Challamel éditeur. Imp. J. Rigo et Cie r. Richer, 7.

LES POLITIQUES DE VILLAGE.

(Par Schmidt de Dordrecht.)

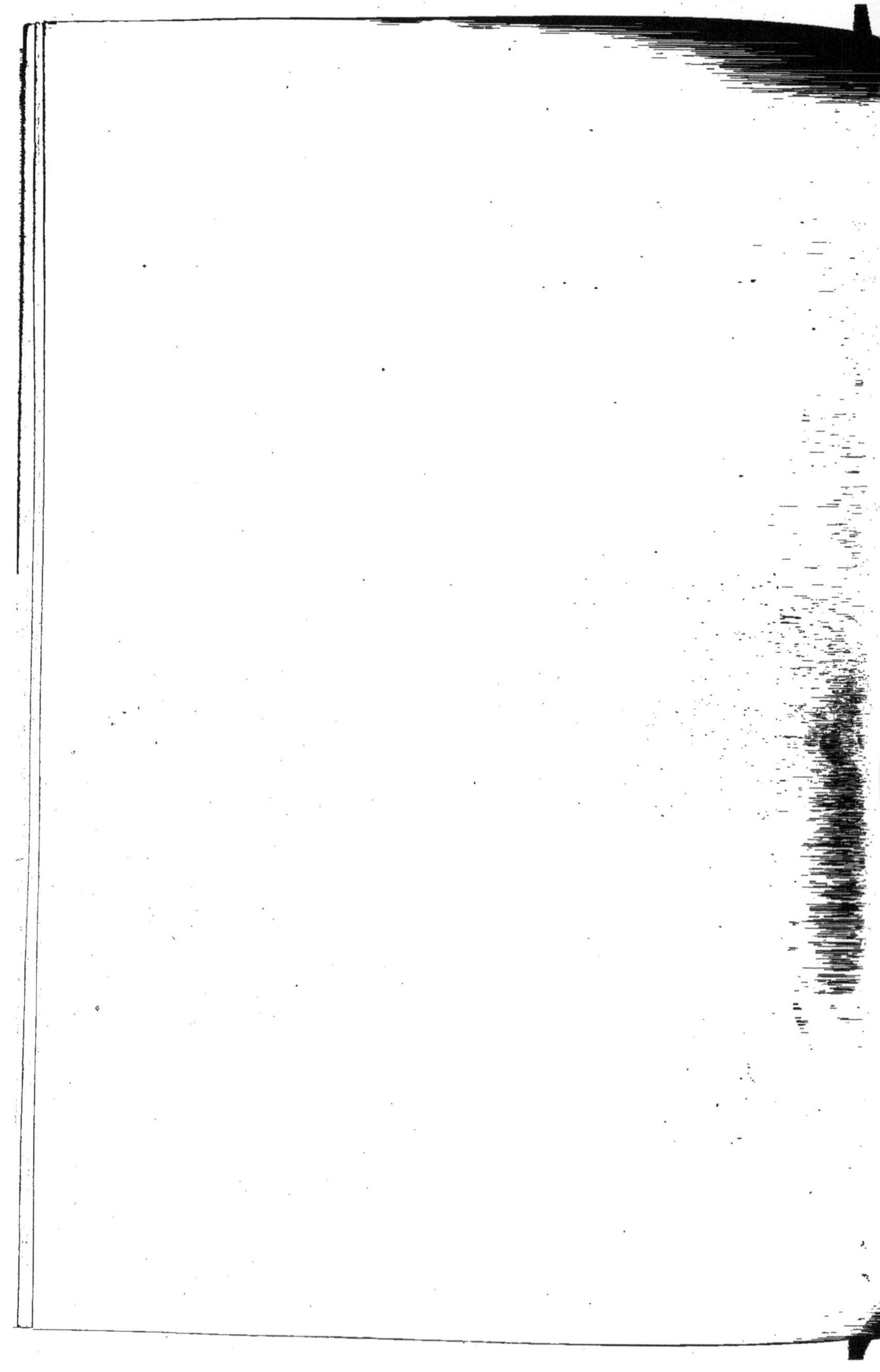

135 Fontainebleau 1607

mon cœur, je sere demayn sans
faylly(r) aue vous, non sans regret
de partyr dycy & bien resolu dy
revenyr bien tost, jay eu des melons
de flenry aussy bons que ceus de
tours, voyla toutes les nouvelles
de ce lyeu, ou jay en ce repos de ny
ouyr poynt parler dafayres,
je vous donne le bonsoyr &
santmylle besers

Henry

Votre très humble et très obéissant
oncle
Anthoine

Challamel, éditeur

Imp. Grégoire & Deneux.

Autographes de Henry IV et d'Antoine Roi de Navarre son père

Cornuel del. — Challamel éditeur — Imp. Grégoire & Deneux.

RUTH ET NOËMI

par Hopfgarten

C. Deshaye del. — Challamel éditeur — Imp. Grégoire & Deneux

MEURTRE DE MISS Mc CREA.

je vous envoie, ma chere cousine, les papiers que vous avez desires pour Mr de Penthievre, je n'ai pas besoin de vous dire la part que je prends a son état de malaise continuez a nous donner de ses nouvelles chaque jour

Louis

Je ne peu resister au desir d'ajoutter un mot a ma lettre d'hier, je part dans l'instant avec la bonne elisabeth pour mes jardins de trianon Mr de Lassieu les a est venu visiter et j'y fais de grandes plantations nouvelles, j'espere bien ma chere lamballe que j'aurai la consolation d'y aller avec vous la prochaine fois, nous sommes assez tranquilles icy dans ce moment, le bourgeois et le bon peuple, son bien pour nous adieu, mon cher coeur, je vous embrasse

Marie Antoinette

et moi aussi un petit mot, madame ma cousine je vous suplie de croire que je fais a dieu les prieres les plus ferventes pour votre santé pour votre bonheur et pour celui de mr de penthievre

Elisabeth Marie

Autographes de Louis XVI, de Marie Antoinette, de Madame Elisabeth et de Madame la Duchesse d'Angoulême.

Remercions Dieu des Maux comme des biens.

Marie Therese

[illegible], éditeur.

Imp. Grégoire & Deneux

DeKoenig Lith. Challamel éditeur. Imp. Grégoire & Deneux.

PAYSAGE ET ANIMAUX.

par Backhuysen de la Haye.

Intérieur d'un Cloître
Par C. Biermann de Berlin.

Challamel éditeur. Imp. Grégoire & Deneux.

Vue Intérieur d'un Théâtre à Jedo
Dessinée par un Artiste Japonais.

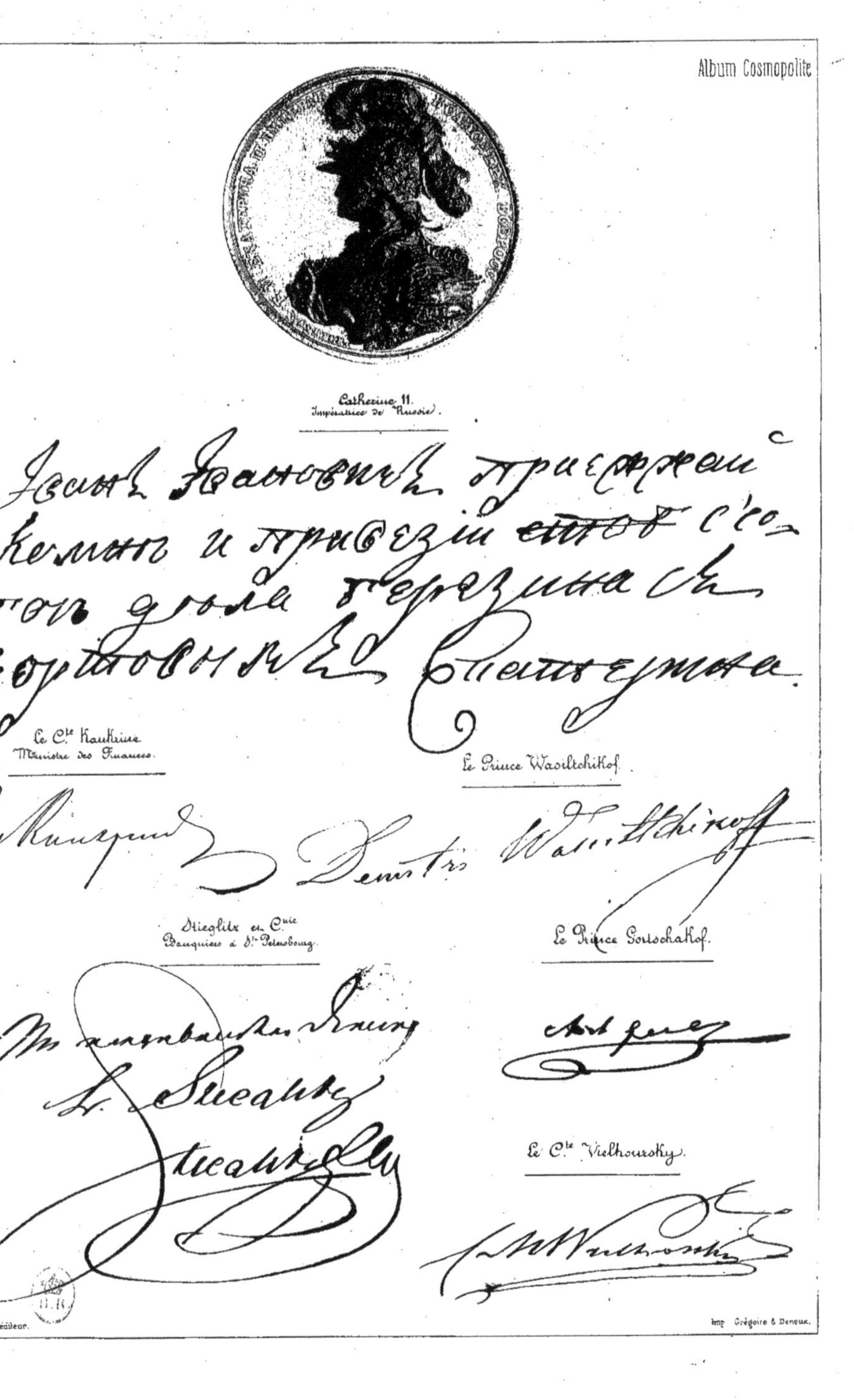

Catherine II.
Impératrice de Russie.

Le Cte Kankrine
Ministre des Finances.

Le Prince Wassiltchikof.

Stieglitz et Cie
Banquiers à St Petersbourg.

Le Prince Gortschakof.

Le Cte Vielhoursky.

Challamel éditeur.

Imp. Grégoire & Deneux.

E. Lassalle Lith. | Paris; Challamel, éditeur. | Lith. J. Rigo et Cie r. Richer, 7.

PORTRAIT DU COCHER DE S.M. L'IMPÉRATRICE DE RUSSIE.

Par le Prince G. Gagarin, de St Pétersbourg.

Challamel éditeur

Imp. Grégoire & Deneux

Belgique. 12 août 1837

VUE DE LIERE.

prise d'Anvers.

Victor Hugo

Catherine d'Aragon.

mylord of surrey my henry wold fayne knowe your pleasur in the beryeng of the kyng of scottes body for he hath wreten to me soo with the next messanger your grace pleasur may be herin knowen

your humble wyfe and trewe servant

Katherina the qwene

Katherina

Anne Boleyn.

My lord after my most humble recomendacions this shall be to gyve unto yor grace as I am most bownd my humble thankes for the gret payn and travell that yor grace doth take in stewdyeng by yor wysdome and gret dylygens howe to bryng to pas honerably the gretest welth that is possyble to come to any creator lyvyng and in especyall remembryng howe wretched and unworthy I am in comparyng to his hyghnes

anne boleyn

yor humble and obedyent servant

Anne the quene

Jeanne Seymour.

Jane the Quene

Anne de Clèves.

ANNA the dowghter off cleves

Catherine Parr.

Kateryn the Quene Regente KP

Jeanne Grey.

Jane the Quene

* L'Autographe de Catherine Howard 5e femme de Henry VIII ne se trouve nulle part.

Elizabeth.

Marie.

Marye the quene

Elizabeth

Marie Stuart.

Marie R

Henriette-Marie.

your affectionate mother

Henriette Marie R

Anne.

Anne R.

Le songe

Challamel, éditeur. | Imp. Grégoire & Deneux.

Rodolphe Friez à son ami Alexandre Vattemare

Raffet lith. — Paris, Challamel, Éditeur. — Lith. J. Rigo et Cie r. Richer. 7

Par Julius Schulz, de Berlin.

Charge de Cuirassiers Prussiens.

Autographes de Charles le Téméraire et Louis XIV.

Challamel éditeur

Imp. Grégoire & Deneux.

Paris, Chs. Lemel éditeur.

Lith. J. Rigo et Cie. Richer 7.

Ecurie portugaise

Par Sa Majesté le Roi de Portugal.

D. Fernando

Album Cosmopolite.

Gsell, lith. Paris, Challamel éditeur. Lith. J. Rigo et Cie r. richer, 7.

LE DÉGUSTATEUR.

(Par Schrodter de Dusseldorff.)

heureuse si V. M. me fait l'honneur de croire cette
verité et si elle daigne de me conserver son a-
mitié, La quelle j'estime plus que toutte les gran-
deurs et tresors du monde, je suis toutte preste
a faire voir que La Condition de Reine m'est moins
chere et considerable, que l'honneur d'estre —

Madame ma soeur

Vostre Bonne soeur et
plus affectionée Amie.

Stockholme le 2. Sept 1647

Christine.

Au reste veuillez remarquer, que le diner ne sera
pas celui d'un gastronome, mais d'un astronome,
ce qui fait une petite difference, et que vous auriez
tort de venir, si cela ne s'arrangerait pas parfaitement
avec vos Messieurs. Vous ne trouverez que quelques
amis qui se réunissent pour me souhaiter demain
(c'est mon jour de naissance) ce qu'on appelle en
en Anglais halfway. Quand on a 54 ans c'est peut
être quelque chose que ce souhait.

J'ai l'honneur de vous saluer

Altona 1834. Sept. 2

Schumacher

E. K. M. Alles probo... [illegible]
[illegible] Datum [illegible]
d. 13 April 1633

E. K. M.
[illegible]
Johan Banner

Autographes de Christine de Suède de Schumacher (Astronome.) et de Jean Banner.

Challamel éditeur.

Imp. Grégoire & Deneux

E. Lassalle Lith. | Paris Challamel éditeur. | Lith. J. Rigo et Cie r. Richer, 7.

Par Ernest Meyer d'Altona.

Scène fantastique.

Jaime lith. Paris Challamel éditeur Lith. J. Rigo et Cie r. Richer.

Intérieur d'un Cloître.

Par Quaglio.

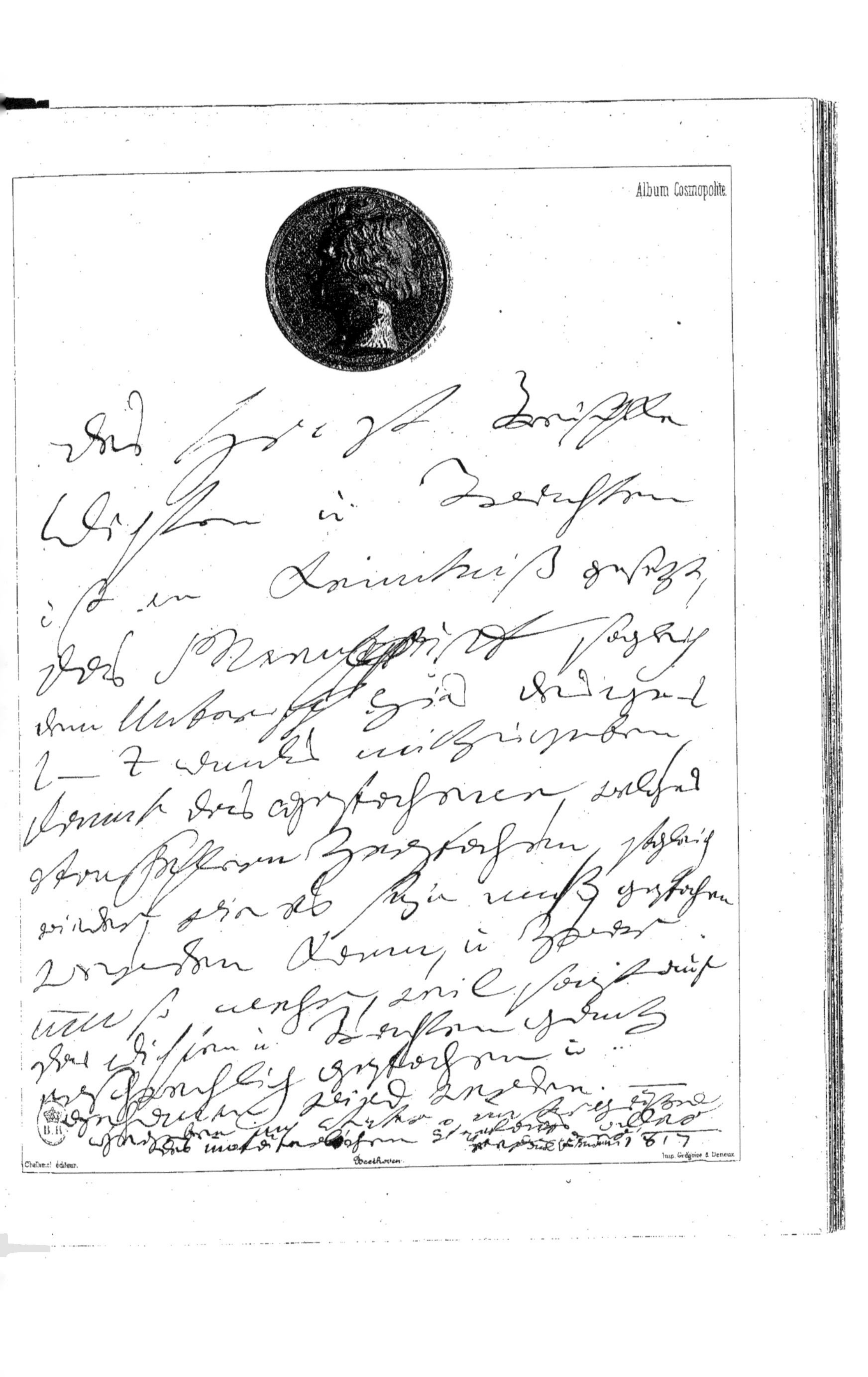

Challamel éditeur.

Beethoven

Imp. Grégoire & Deneux

Amaury Duval. Inv. | à Paris. Challamel éditeur | lith. J. Rigo et Cie r. Richer, 7.

Ste PHILOMENE.

J. Tirpenne lith. — Paris, Challamel éditeur. — Lith. J. Rigo et Cie r. Richer, 7.

VUE DU CHATEAU DE HEIDELBERG.

Par M.^r le Cte de Fenison Ministre de Bavière à Paris.

Pierre le Grand.

Gretch.
Conseiller d'Etat rédacteur en chef de l'Abeille du Nord.

Простите! будьте счастливы и воспоминайте иногда, что на Севере, посреди льдовъ и снеговъ имеете искренно преданнаго вамъ другъ

Николай Гречъ

Boulgarine.
Homme de lettres et rédacteur de l'Abeille du Nord.

Challamel éditeur. Imp. Grégoire & Deneux.

Julien. Lith.

Paris. Challamel éditeur.

Lith. J. Rigo et C[illegible] [illegible]acher 7.

HAMLET.

par Gustave Wappers d'Anvers.

Emile Lassalle Lith.

Paris, Challamel éditeur.

Lith. J. Rigo et Cie r. Richer, 7.

GROUPE DE CHÈVRES.

Par Eugène Verboeckhoven

de Bruxelles.

.... Je ne parle plus de la voiture des Bardel qui est déja ordonnée, mais je les préviens qu'ils feront mieux de partir à une heure au lieu de trois, parceque à deux heures on s'embarque (non pas dans le petit bateau le Prince de Joinville, mais dans la grande barge la Princesse Amélie) on lève l'ancre, & on va voguer sur la Seine jusqu'au dîner, chantant comme sur les rivières d'Amérique :

Faintly as tolls the evening chime,
Our voices keep tune, & our oars keep time:
And when the woods on shore look dim
We'll sing at Saint Ann's our parting Hymn
Row, brothers, row, the stream runs fast,
The rapids are near & the daylight's past.

....

Louis Philippe

Autographe de Louis Philippe.

Challamel éditeur

Imp. Grégoire & Deneux.

Cornuel Lith. Challamel éditeur.

LA Ste VIERGE ET St JOSEPH CHERCHANT L'ENFANT JESUS.

par Däger de Dusseldorff.

C. Deshayes lith. Challamel éditeur

DÉBARQUEMENT DES ÉMIGRANTS D'ANGLETERRE EN 1630.

par J. C. Chapman de Washington.

Seyffarth.

1833 Anno Lipsiae Aegyptiis Seyffarth Scripsit Alexander Heroi.

Ludwig Tieck.

geehrte Herr Alexander, ich widme Ihnen
mit Vergnügen dieses Blättchen, um es
Ihrem Album beizufügen, das ich mit großem
Ergötzen einigemal durchblättert habe:
wie viele Namen sind unter diesen, wie viele
berühmte enthält es: wie erfreut sich die Schriftzüge
eines Rossini und vieler anderen kennen zu lernen.
Möge das Schicksal Ihnen, geehrter Mann, noch lange
Gesundheit und Lebensfrische schenken, um sich und andere
durch Ihre Talente zu erfreuen.

Ihr ergebenster,
Ludwig Tieck

Dresden den 12t Sptb.
1833.

La Comtesse de Königsmarck.

wir ich den
Zu besserer abhelfung der Sache Seiner
Eminenz künftiger wegen Monsieur
nach Quedlinb: abzusenden. und verbleibe
der Ehrbahr Hochg: Herrn Consistor Secretarius
Desselben freundwilliger
Dresden Ergebene
d. 18. Julii 1719 M A Königsmarck P.

Maurice, Maréchale de Saxe.

Votre lettre du deuxieme de ce mois ecritte à mon
Gouverneur m'a causé de la joye et de la tristesse
tout à la fois. Je me suis rejoui de l'Etat de Votre
Santé mais le refus qu'a fait monsr Lövendahl de
payer pour mon Compte me chagrinne beaucoup!...

Votre tres fidel Mauric
Comte de Saxe

Utrecht
7 Mars
1710

Challamel éditeur. Imp. Grégoire & Deneux.

DeKoning Lith. Challamel éditeur. Lith J. Rigo et Cie r. Richer, 7.

ZEÏBECK, Costume de l'Asie Mineure
par M^r le Prince Grégoire Gagarin de St Pétersbourg.

Gasp^d Lacroix. del. Challamel éditeur. Imp. Gregoire & Deneux.

PAYSAGE (Etude.)

Major André, dessiné par lui même.

On the 20th of Sept. I left New York to get on board the Vulture in order (as I thought) to meet General Arnold there in the night. No boat however came off and I waited on board until the night of the 21st

John André Adj Gen to the Brit. Army

Your Hbl Servt
Benedt Arnold (dit le traître)

Dear Sir I am your most obedt and humble servt
Jos. Brant
(Chef des Iroquois.)

Your affectionate & obliged Humble servant
Général - Richd Montgomery

......Voici deux gazettes dans lesquelles se trouve ma resignation; si elle n'a pas été deja inferé dans vos papiers publique ayez la bonté de la faire imprimer.
Mes respect au Gouverneur
je vous Embrasse de tout mon ame

Baron de - Steuben

Par Edouard Bendemann, de Dusseldorff.

Cornuel del. Challamel éditeur. Imp. Grégoire & Deneux.

DEPART DU J.ne TOBIE
(Par Ihlé de Cassel)

Paris Challamel Editeur.

Lith. J. Rigo & Cie Richer 7.

Funchall, Capitale de l'Ile de Madère.

Par Thomas Ender de Vienne, (*Autriche.*)

P. Stuyvesant
Stuyvesant, Gouverneur de New-york.

John Winthrop
John Winthrop, Gouverneur du Connecticut.

Jo: Winthrop:
Ge. Winthrop, Gouverneur du Massachusetts.

When some of ye Natives have desir'd Satisfaction, (as knowing yt we have exceeded ye Bounds, set us by ye Sachims) We have satisfied them.
Roger Williams.

Your Servant in Christ
H. Vane
H. Vane. Gouverneur du Massachusetts.

Witness my hand and seal this Three and Twentieth day of the first month called March in the Four and Thirtieth year of the Reign of King Charles the Second over England etc. And in the year of our Lord One Thousand Six hundred Eighty and One.
Wm Penn
Guillaume Penn.

While I was preaching at a private Fast (kept for a possessed young woman,) on Mark 9. 28, 29 — ye Devil in ye Damsel flew upon me, & tore ye Leaf, as it is now torn, over against ye Text; Nov. 29. 1692
Cotton Mather

Stoney Point 16th July 1779
2 O'Clock a m
Dear Genl
The fort & Garrison with Col. Johnston are ours Our Officers & men behaved like men who are determined to be free
Yours most Sincerely
Gen. Washington Ant'y Wayne
Ant. Wayne Général.

I am convinced that the true spirit of Liberty was never so universally diffused through all ranks and orders of People, in any Country on the face of the Earth as it now is through all North America.
I am dear Sir your most obed Servt
Joseph Warren

Challamel éditeur.

JESUS AU JARDIN DES OLIVIERS.

Par Schadow Directeur de l'Académie de Dusseldorf.

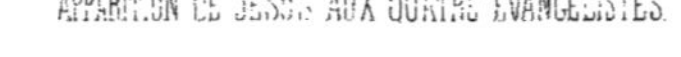

Imp. Grégoire & Deneux.

APPARITION DE JESUS AUX QUATRE EVANGELISTES.

JOHN BALFOUR DE BURLEY

(Les Puritains.)

ELSPETH

Mentchikoff
Femme du célèbre favori de Pierre le Grand.

Th. Cte Rostopchine.

Kriloff
Poète aveugle

Le bailli de Tatiochef
Ancien ambassadeur de Russie à la cour de Vienne.

Le Cte Michel Worontzof
Gouverneur général d'Odessa.

Général Krusenstern.

Cte Ignace de Turkull.

Le Prince Wiazemski.

Natalie Mentchikoff,
Fille du célèbre favori de Pierre le Grand.

Le Prince Lubecki
Membre du conseil de l'Empire,
Ancien ministre des finances de Pologne.

La grande Duchesse Hélène.
Femme du grand Duc Michel.

Le Prince Koslofski.

Karamzine
Historien Russe.

Alexandre Marlinsky
(écriture de)

Le Cte Bloudoff.
Ministre de l'Intérieur.

Le Cte Kisséleff,
Ministre des Domaines

Okounief.

Challamel éditeur
Imp. Bertauts, à Paris.

Georges Catlin del. — Challamel edit. Paris. Imp. Rigo. — De Koning Lith.

OSCEOLA

DeKoenig lith. — Challamel éditeur — Imp. Grégoire & Deneux

CHIENS LEVRIERS

par Schulz de Berlin.

Album Cosmopolite.

L'Empereur Alexandre.

Вашъ вѣрной Александръ

Général Laharpe.

Frédéric César de la Harpe.

J. Mazeppa
Hetman des Cosaques de l'Ukraine.

[illegible]

Danilefsky
Général historien.

[illegible]

Nesselrode
Ministre des affaires étrangères Chancelier de Russie.

[illegible]

Pouchkine
Poète Russe.

Votre nom est légion,
car vous êtes plusieurs
16 juin v. st. 1834
St Pétersbourg

A. Pouchkine

Volkonsky.
Ministre de la maison de l'Empereur.

le Prince Volkonsky

Ouvaroff.
Ministre de l'instruction publique de Russie, doyen des Membres correspondants de l'Académie des sciences de France.

Ouvaroff.

Cte Paskevitch d'Erivan.

Adieu, mon cher Tolstoy, croyez à ma
sincère estime comme à toute mon intérêt
Prince de Varsovie C. Paskevitch d'E.

Challamel éditeur. Imp. J. Rigo.

LES SCHAKERS, (AMERIQUE)

VUE DE NOTRE DAME DE PARIS.

Frédéric II.

Vous les payerai au Rendant de la Caisse de la Cour

Bucholtz

Federic

Otto Guerike.

Dieses dem Herrn Hoffrath Brandt schicken Zugeschickt den 10 Novemb: Ao: 52

Otto Guericke

Ferdinand duc de Brunswick.

Je serois bien aise de toucher aujourd'hui l'argent comme Veld Marechal, qui me revient pour le mois prochain

C: 27me: Octob 1760

Ferdinand.

Anna Maria Schurmann.

Dño Geraldo Thibaut

qui Primus sacram artem rotandi Ensem, omnibus retro saeculis et Gentibus penitus ignotam, aut quod fere idem est temere tractatam, mirabili plano methodo, ad Matheseos precepta ingeniosissime adaptavit. Quo nomine ipsis Heroibus jure suo commemorandus; an et adscribendus?

1621 Aug: 25 Rhenae.

Anna Maria A Schurman Scripsi.

Maréchal Blucher.

empfehle ich denselben auf seiner ferneren Reisen, bestens.

Breslau den 16 ten Octbr. 1816 Blücher

Hufeland.

Berlin d. 2 Jan. 1834.

Respice finem — in memoriam

à Monsieur Alexandre D. Hufeland

illard, éditeur à Paris.

Imp. Arthus R. de la Hire

Wilhelm.

Teplitz, le 23.
d'aout 1833.

Frédéric Guillaume III.

Frédéric Guillaume

Frédéric Guillaume IV

Je Vous donne les deux barbouillages de Votre choix sous la forme d'une lettre. Ils lui servent de Post-Scriptum — Je Vous prie de ne jamais les envisager sous un autre point de vue & par conséquence de ne pas compromettre ma réputation d'artiste en mêlant ces deux morceaux de papier à Votre superbe Collection de dessins,

Berlin ce 15 Janvier 1834 Frédéric Guillaume
Prince Royal de Prusse

A Monsieur Alexandre

Elisabeth Louise Reine de Prusse

aimez Elis

Schlegel.

Ces lignes sont écrites sur du papier javanais pris de ce manuscrit que je vous ai montré. Je vous réitère mes remercîments de vos obligeantes communications; veuillez agréer l'assurance de ma considération distinguée

A W de Schlegel

Bonn 15 Déc 1834

Humbolde.

Bien des années se sont écoulées, Monsieur, depuis que j'ai eu le plaisir de Vous rencontrer, non de Paris à la campagne d'un homme célèbre. On ne saurait se rappeler le merveilleux talent musical que la Nature Vous a accordé et que Votre sagacité a pu agrandir par la voye de l'observation sans se rappeler aussi combien le m[illegible] a changé de physionomie et d'aspect. On dirait que la mobilité des traits augmente avec l'age.

Al Humboldt
Teplitz ce 22 Aout 1833.

Challamel édit. Imp. Grégoire & Deneux.

Offert à Mr Alex. Vattemare par Federico de Madrazo [illegible] Madrid

MORT DE Dn ALVARO DE LUNA

Exécuté à Valladolid le [illegible] 1453

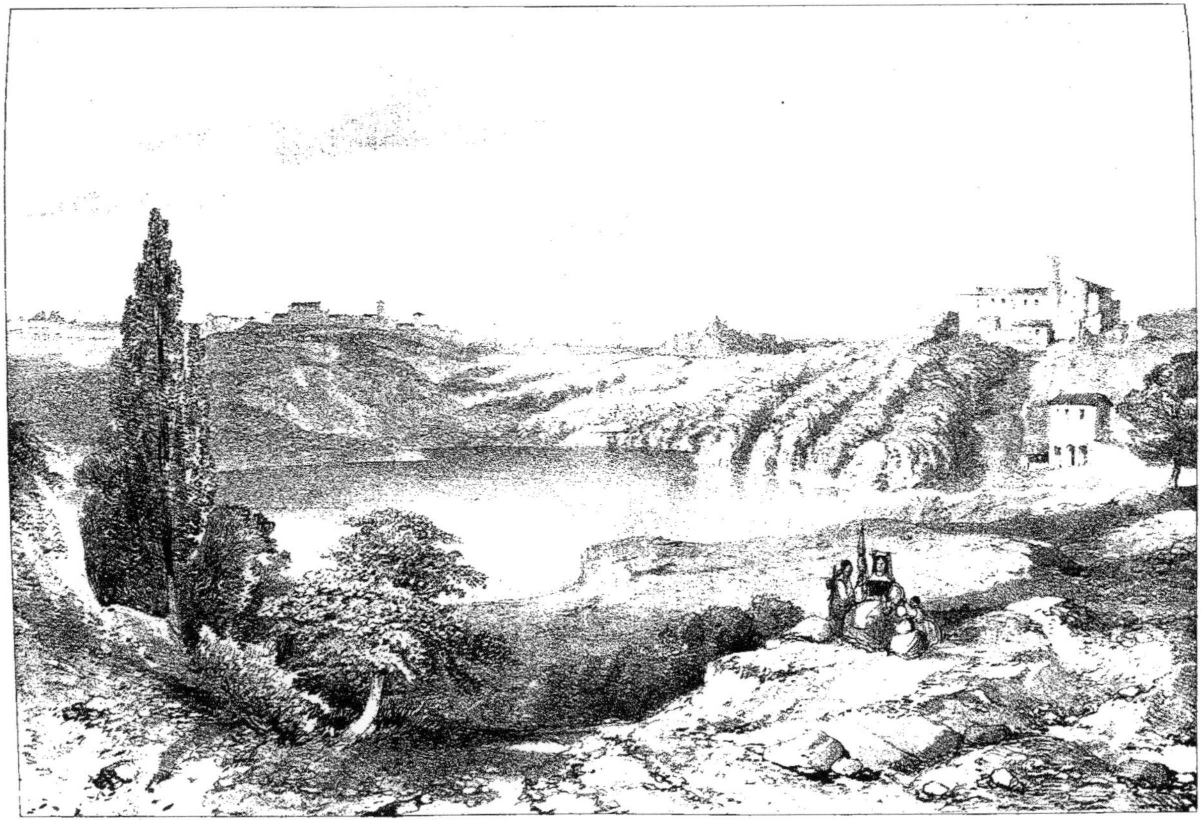

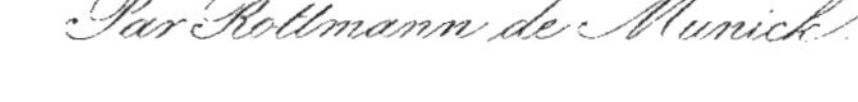

[illegible] lith.   Paris, Challamel, éditeur.   Lith. J. Rigo et Cie, Richer, 7.

LE LAC DE NÉMI (près de Rome)

Par Rottmann de Munich.

DeKœnig del. Challamel éditeur Imp. Grégoire & Deneux

FONDATION DE L'ŒUVRE DES ORPHELINS DU CHOLÉRA PAR MONSGR L'ARCHQUE DE PARIS.
par Ducornet, né sans bras.

par Carl Schulz de Berlin

Album Cosmopolite.

Raffet lith. Paris, Challamel éditeur. Imp. J. Rigo et Cie

Par S. A. S. Le Grand Duc Alexandre
Prince héréditaire de Russie.

J. C. Schotel.

Marine.

Champin lith.

Lith. Adrien, r. richer, 7.

(par A. Achenbach, de Dusseldorff.)

Champin lith. Lith Adrien, r. richer, 7.

(par A. Achenbach, de Dusseldorff.)

Album Cosmopolite.

Montbelier del. Imp.^r par Mercier. Lith Adrien, r. richer, 7.

(Par Werner, de Leipzig.)

Champin Lith.

Lith. J. Rigo et Cie r. Richer, 7.

PAYSAGE DES ENVIRONS DE VIENNE.

par le Docteur Mœsmer de Vienne.

Challamel éditeur. Imp. Grégoire & Deneux.

PAYSAN RUSSE

A. St Aulaire lith. — Lith. J. Rigo et Cie.

SCÈNE D'HIVER, ENVIRONS D'UTRECHT.

par A. Schelfhout de La Haye.

J.L. Tirpenne lith. Paris, Challamel éditeur. Imp. J. Rigo et Cie

(Par Fourmois, de Bruxelles.)

Paysage.

Lith. J. Rigo et Cie rue Richer 7. à Paris

Mort du père Goriot.

(par J. Noguez de Paris.)

A. St Aulaire del.

[illegible] Prise de Saardam.

Par I. Mey[illegible] d'Amsterdam.

A St. Aulaire Lith. | Lith. J. Rigo et Cie.

VUE PRISE AU BORD DE LA MER.

par E. Biermann de Berlin.

MD. Weil. del. — Challamel éditeur.

WALTER-SCOTT (SCHERIFF)

[illegible]

(Voir le texte)

Album Cosmopolite.

Raffet lith. Paris Challamel éditeur. Imp. J. Rigo et Cie

Par S. A. S. Le Grand Duc Alexandre
Prince héréditaire de Russie.

Album Cosmopolite

Par Mauch de Berlin.

D. Weill del. 	Challamel éditeur

EGLISE D'HASTINGS

Par Dash.

INTERIEUR D'UNE AUBERGE EN ITALIE.
par Lindau.

Deloning del. Challamel éditeur.

PAYSAN A LA PISTE DU LOUP
par F. Hormann.

F. Riss del.

Le Sbiting

Album Cosmopolite.

M. le C.te Féd. de Tolstoy de St. Pétersbourg

Album Cosmopolite.

Imp. Aubert & C.ie Challamel édit.r

FEMME DE L'ORIENT
Childe Harold (Lord Byron)
Pickersgill R. A. de Londres.

Marie Amélie, (Reine des Français)

Voici ma chère fille 100 f. p. la vieille de Mr Allut 200 f. p. les Quêtes et 40 f. p. cette autre pauvre femme, toute à Vous

St Vincent de Paul.

Monsieur la grace de nre Seigneur soit avec vous pour jamais,

Je vous supplie tres humblement Monsieur de vous en revenir a St Lazare le plus tost que vous pourrez, nous avons icy affaire de vous et vous attendons avec affection, qui je suis en l'amour de nre Seigneur

Monsieur Vre tres humble serviteur Vincent Depaul indigne pbre de la Mission

De St Lazare ce 25 Mars 1642.

Le Grand Condé.

Monsieur

aussy tost que j'ay receu les ordres de sa maté qui vous avoit chargé de quitter le [illegible] j'ay travaillé a mettre les trois regiments de cavalerie et les trois d'infanterie en estat

Monsieur

Vostre tres affectionné serviteur Louis de Bourbon

a Brusselles ce 24 decembre 1654

Turenne.

Je suis votre tres humble et tres obeissant serviteur

Turenne

Dessiné par M. D. Poutiata.   Рис. Д. Путята.

[illegible] Lith. Lith. Adrien, rue Richer, 7.

(par Koekkoek, d'Amsterdam.)

S. M. Marie Reine de Saxe. Pillnitz le 17 7bre 1833.

Voici Mr Alexandre, un frère Élève, qui désire avoir quelques lignes, qui puissent l'introduire chez Vous. Vous jugerez par Vous même de son vrai talent, mais ce qui me le rend vraiment respectable c'est qu'il l'emploie souvent au soulagement des pauvres et qu'il a déjà fait par là un bien immense. Il a aussi des albums de dessins et d'iconographie fort intéressants; j'ai vu le premier à Munich et lui il nous apporte le second. Adieu ma bonne amie! Je Vous embrasse tendrement en idée.

Marie

C'est avec plaisir que j'ajoute mon suffrage à celui de tant d'autres, dont le talent de Mr Alexandre a rassemblé les noms dans son album ....

le 17 sept 1833. Frédéric Auguste de Saxe

Melanchton

Ich Philippus Melanthon bekenne das ich von dem erbarn Vincentio Hosen empfangen hab funff und [illegible] f [illegible] uff das quartal Luciae Anno 1556.

Friedenchsberg, den 13. Januarii Anno 1738.

Ew: Ihr: [illegible]

Christian R.

Christian VI,
Roi de Danemarck et de Norwège.

Gegeben zu Warschau den 4. January 1736.

Ew. Lbd: freundwilliger Vetter

Augustus Rex

A. G. Sulkowski. De Brühl

Auguste 2, le fort,
Roi de Pologne.

Frédéric le sage,
Electeur de Bavière.

[illegible]

Imp. Aubert & Cie. Challamel édit^r

JEUNE FILLE BLESSÉE,
Episode de l'entrée des vainqueurs de la Bastille a l'Hôtel de Ville en 1788.
(Par Paul Delaroche. Esquisse d'une partie de son grand tableau.)

Album Cosmopolite

3

Barre de Paris

4

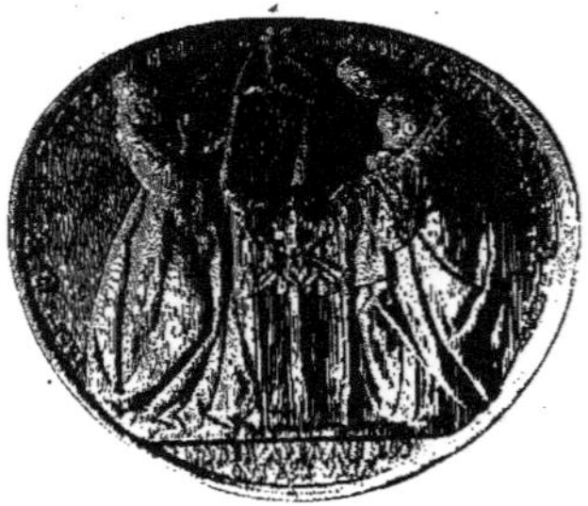

Bovy de Genève

2

Rauch sc. de Berlin

5

Wyon de Londres

6

Fabris d'Udine

Silvio Pellico, (A Monsieur Antoine Dubatour.)

Turin, 9. sept. 37.

Monsieur

Si vous faites l'édition de Mes Prisons dont vous m'avez parlé, vous ferait-il plaisir d'avoir quelques chapitres sur la petite partie de ma Vie qui s'est ecoulée depuis mon retour en Piémont en 1830 jusqu'à présent? — Vous aurez su que j'ai écrit toute ma Vie, mais c'est un livre que j'avais cru trop tôt pouvoir livrer à la presse. J'avais songé à cette publication en 1835; Mr de Barante en avait parlé à Mr Ladvocat. Mais il y a eu des raisons pour renoncer à cette idée.

Ce que je pourrais faire serait de vous envoyer une vingtaine de fragmens tirées de cette biographie. Cela completerait assez l'histoire de l'auteur de Mes Prisons.

J'ose vous prier de faire remettre le paquet ci joint à son adresse. Vous êtes si bon! pardonnez-moi cette liberté.

Je ne vous ai rien dit de votre sonnet. Il est sublime.

Votre serviteur et ami Silvio Pellico

Michel Ange.

Jo Michelagniolo di lodovicho simoni o ricevuto oggi questo di diciannove dottobre mille cinquecento ventinuovo da giovanni spina duciati quatrocento doro largi per la provigione fattami otto mesi fa da papa Clemente di cinquanta ducati el mese per le figure delle sepulture della sagrestia di san lorenzo e per ogni tra ora pe sua sostitore mi facci fare e per fede di ciò vero ci questo di e io o fatta questa di mia propria mano

questo Cachopin dell avitenza mandata detto di porsonio mmi Festa mocco agiouta omi ogna di der aucr Inmessione pagarmi Cassopir detto provigione

Par le Prof. Begas de Berlin ... La Lurley. (Légende des Bords du Rhin) Imp. Aubert & C.

Leur esquif cède au courant... tombe
Se brise aux rocs, et l'engloutit.

Louise Colet-Revoil

MORNE ROSEAU.

Route de la Trinité à St Pierre. (Martinique)

Walter-Scott.

Above all, are you our intellectual — I know
you must be at the Lever, Alexandre and Co.
~~But having you brought~~
But I think (a golden breach an assembly — a mob —
And that I, as the Sheriff, must take up the job;
And instead of chronicling your wonders in verse,
Must read you the Riot Act, and bid you disperse!

Abbotsford 23 April 1824 Walter Scott

Brinkly (Astronome).

My dear Sir Mar 2 1825

I beg you will have the goodness to return my thanks to M. Alexandre for the pleasure he afforded me this morning at the Record Tower in witnessing his wonderful powers. [illegible] J. Brinkley

Thomas Moore

..... You have, however, given me a proof of — what I value more than all the talents in the world — your good & kind feelings, in the readiness with which you called upon my dear father & mother.

Wishing you a safe journey back to your native country, I am, my dear Sir,

London,
May 25th 1824.

Very truly yours
Thomas Moore

Mgr. l'Évêque de Norwich.

That merit is yours. the merit, I mean, of unaffected humility and genuine liberality — I am,
Sir,
Norwich.
September the 2d Sincerely yours, &c &c
1823. Henry Norwich

Monthelier à Alexandre Vattemare. Lith. Rigo & Cie. Richer 7 Monthelier Lith.

[illegible]

(Basses-Pyrénées)

Lith. Aubert & Cie

Challamel édit.

P. Moritz Retzsch de Dresde.

j'ai cru qu'en qualité d'ancien Président dans l'Institut Royal des sciences des arts, et des belles lettres, je ne pourrais me refuser de reconnaître ouvertement les sentimens d'admiration et d'estime dont je suis vivement penetré pour ce jeune homme interessant, aux succès duquel je me trouverai heureux de contribüer

Leyden, ce 15 Juin 1819.

Bilderdijk

Le Comte d'Egmont

De goede [illegible] [illegible]
[illegible]

L. van Egmond

L'Amiral Tromp

Mijn Heer
dienstwilligen dienaer
C. Tromp

rotterdam 29 julij 1665

Jean de Witt

.... Godt Almachtigh [illegible]
[illegible] [illegible] [illegible] [illegible]
[illegible] noch lange in goede dispositie, tot dienst
van 't Vaderlandt [illegible] [illegible] [illegible]
[illegible] [illegible]
[illegible] [illegible] [illegible] [illegible]
[illegible] den 21 Aug.
Johan de Witt
[illegible]

LES LAVEUSES.

Imp.

Challamel édit.

PAYSANS DU DUCHÉ DE BRUNSWICK.

(Par E. Jacob de St Pétersbourg.)

Lith Aubert & Cie

Challamel édit.

BAPTÊME DE S. A. I. LE GRAND DUC NICOLAS.

Par Sauerweid, Directeur de l'Académie de St Pétersbourg.

Mlle de Molière.

armande gresinde claire élisabeth béjart.

Molière.

J. B. P. Molière

Rabelais.

Fran^s Rabelais [illegible]

BASILEAE PER HIER. FROBENIUM
ET NIC. EPISCOPIUM.
M. D. XLII.

Malherbe.

Cette prouidence me fait croire
que tout se passera par les voyes de la justice.
Ces messieurs [illegible] de Poictiers luy disent qu'ilz ne
scavent ny lire ny escrire, mais qu'ilz scavent bien
tirer. On adjouste a cela [illegible] point a
[illegible] de ce reste [illegible] la. [illegible]
croyez pas; mais [illegible] Monsieur que
je suis tousjours vostre tres humble [illegible] A Aix ce 4e de Juillet 1614.
Malherbe

D'après l'esquisse de Mr Gallait (peintre Belge)

S.M L'EMPEREUR ALEXANDRE,

Recevant la Communion des mains de l'Évêque d'Ekaterinoslaff & de Tauride, quatre jours avant sa mort, arrivée à Taganrog le 19 Novembre 1825.

Challamel édit.

Imp. Artus.

S. M. L'EMPEREUR NICOLAS,

Appaisant par sa présence l'émeute à St Pétersbourg lors du Choléra en 1831.
d'après l'esquisse pour un grand tableau par Mr Jouy de Paris.

Imp. Artus.

Par Jacob Gensler, (De Hambourg.)

Challamel édit.

OFFICIER CIRCASSIEN, (*En Grande tenue.*)
Au Service de S. M. l'Empereur de Russie.

Par Sauerweid, Direct.r de l'Acad.ie à St Pétersbourg.

Léon de Laborde. Asia minor.

KOUMBET,

Pyramides naturelles au milieu de la Forêt. — Natural Pyramids in the Forest.

D'après l'esquisse de M.r Ch.es Texier, de Paris. Imp. Artus.

VUE DU QUARTIER DE TOP-HANA A CONSTANTINOPLE,

Situé sur la Côte Européenne du Bosphore.

Imp. Aristide Bosc.

APOLLON EN ARCADIE.

(Par Klaber de Berlin.)

Challamel édit.r

LES EUMÉNIDES.

(Par Matthey, de Dresde.)

Léon de Laborde. Asia minor.

KOSREF PACHA KHAN

(Vue prise dans la Forêt. — View taken in the Forest.)

Imp. Aristide Bosc. Challamel édit.

VÉRONE,

(Par le Chevalier Calcott.)

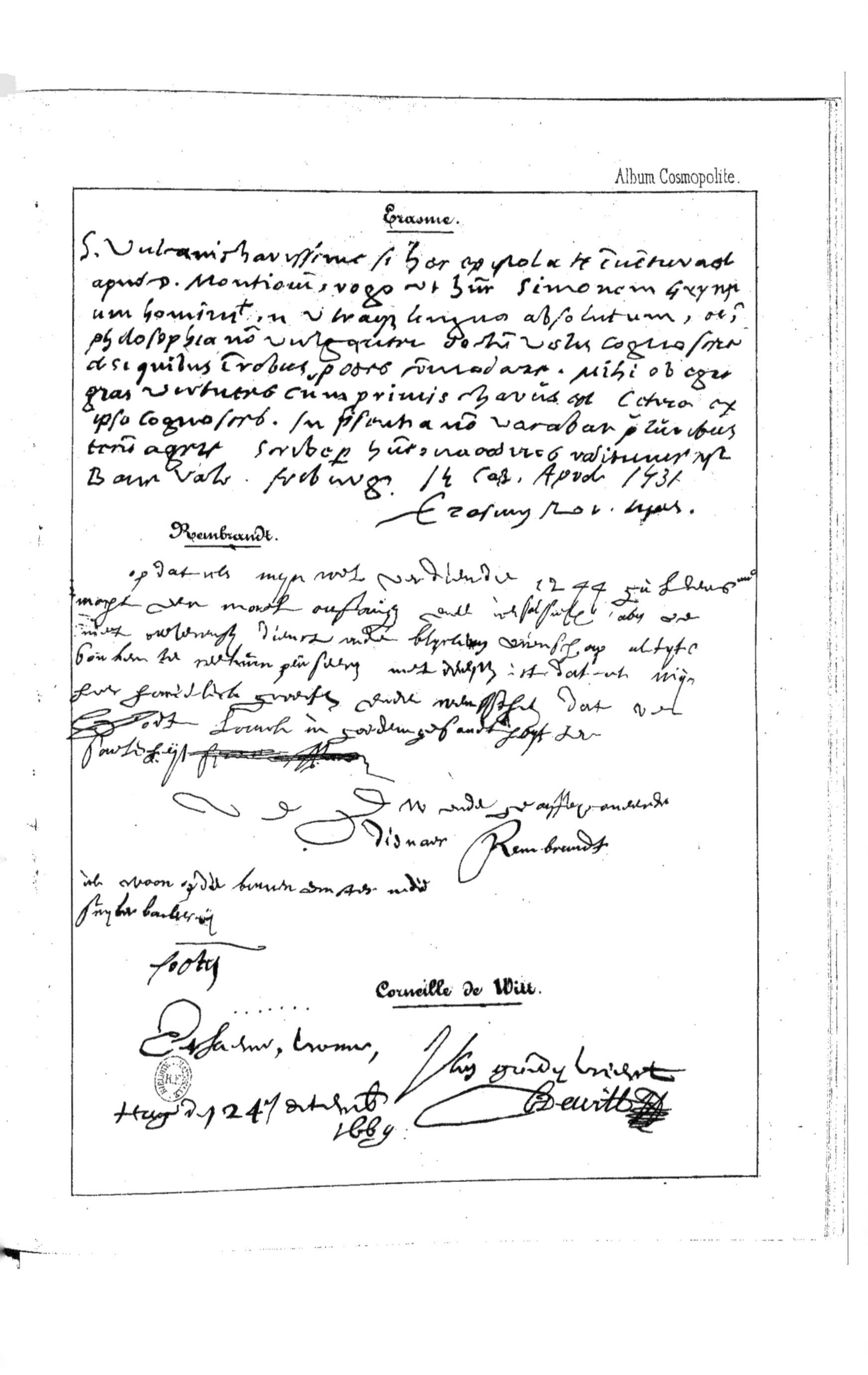

Erasme.

Rembrandt.

Corneille de Witt.

Cherubini.

ce Mardi 12.

j'ai l'honneur de vous rappeller, Monsieur, que c'est aujourd'hui qu'aura lieu la soirée musicale chez Mr Lejoux rue Bergère, nous comptons sur vous. Agréez, Monsieur, l'assurance de ma considération distinguée

Votre dévoué

L. Cherubini.

Béranger

Mon cher ami, on m'envoie une lettre pour vous avec permission de la décacheter, ce que j'ai fait, ainsi que vous en pourrez voir sur l'enveloppe. Je me félicite du changement que cela va apporter dans votre position financière.

Vous voyez qu'il n'est que de vivre quand on n'aurait que pour voir la plus belle et la plus étonnante des révolutions.

5 août.

à vous de cœur Béranger

Boeildieu.

ce 11 juin 1826.

...... J'ai lu dans ma lettre que vous m'êtes recommandé de l'étranger par des personnes de haut rang et que j'espère être agréable en vous donnant les moyens de faire connaître votre talent à la Cour de France. Soyez assuré de tout le plaisir que j'éprouverai si ma faible recommandation a pu vous être bonne à quelque chose.

Veuillez recevoir Monsieur Caffaram des sentiments distingués avec lesquels j'ai l'honneur d'être votre bien dévoué serviteur

Boieldieu

Rouget de Lisle

J'aurais besoin d'un guide ami pour fixer mes idées et mon choix. persistez-vous dans vos bonnes intentions? Voulez-vous être ce guide et ce jusqu'au bout? alors marquez-moi deux ou trois jours d'avance quand il vous conviendra que je vous porte les barbouillages en question. Nous les examinerons, quittes à les déchirer après pour n'y plus revenir, car nous devons avoir d'eux et de moi par dessus les yeux.

Salut et amitié, comme nous disions jadis, et mes plus vieux hommages à ma cousine.

R. de Lisle

7 9bre

Ferdinand & Isabelle (la Catholique).

..... Muy Reverendo in xpo padre Cardenal nro muy caro y muy amado amigo nro Señor todos tiempos vos haya en su especial guarda y recomiende.
De granada a ocho de febrero de myl y quinietos y dos años

Yo el Rey — Yo la Reyna

Phillippe 2.

yo el Rey my hermano cuya amystad se ygualdara de my parte tan firmemente como se lo huyo mela asegura V. M. y lo han mostrado y mostraran siempre mys acciones que van enderecados a este fin/

buen hermano y el de V. M.
Yo el Rey

S.M. Donna Maria Reine de Portugal.

Ma chere Isabelle
Je ne t'écris que deux mots pour te donner de nos nouvelles quoique du Petit Pedro nous nous portons tous très bien et la prie chaque fois je t'écrirai ne vienne. Adieu chère Isabelle en t'embrassant je suis pour la vie

Ta fidelle Amie
Marie

S.M. l'Impératrice du Brésil, Amélie.

Com hum abraço amorosa
muito afficoada
Amélie

S. A. I. Archiduc François Charles.

Mr Alexandre ayant désiré de posséder quelques lignes de ma main je saisis avec plaisir cette occasion pour lui répéter encore combien son beau et rare talent m'a satisfait et excité ma juste admiration et que le souvenir des soirées qu'il m'a procurées ne s'effacera jamais de ma mémoire.

François Charles

Vienne le 21 mai 1833.

Archiduc d'Autriche

S. A. le Prince Esterhazy.

C'est avec plaisir que j'autorise M. Alex. Vattemare à placer mon nom sur la tête de souscription de son album Cosmopolite

P. Esterhazy

[illegible] 1828

Prince de Metternich.

..... mais il est réservé à ceux qui vous connaissent plus particulièrement de rendre également justice à vos aimables qualités.

Recevez, Monsieur, l'assurance de ma parfaite considération.

Vienne ce 20 Mai 1833.

Metternich.

M. Alexandre

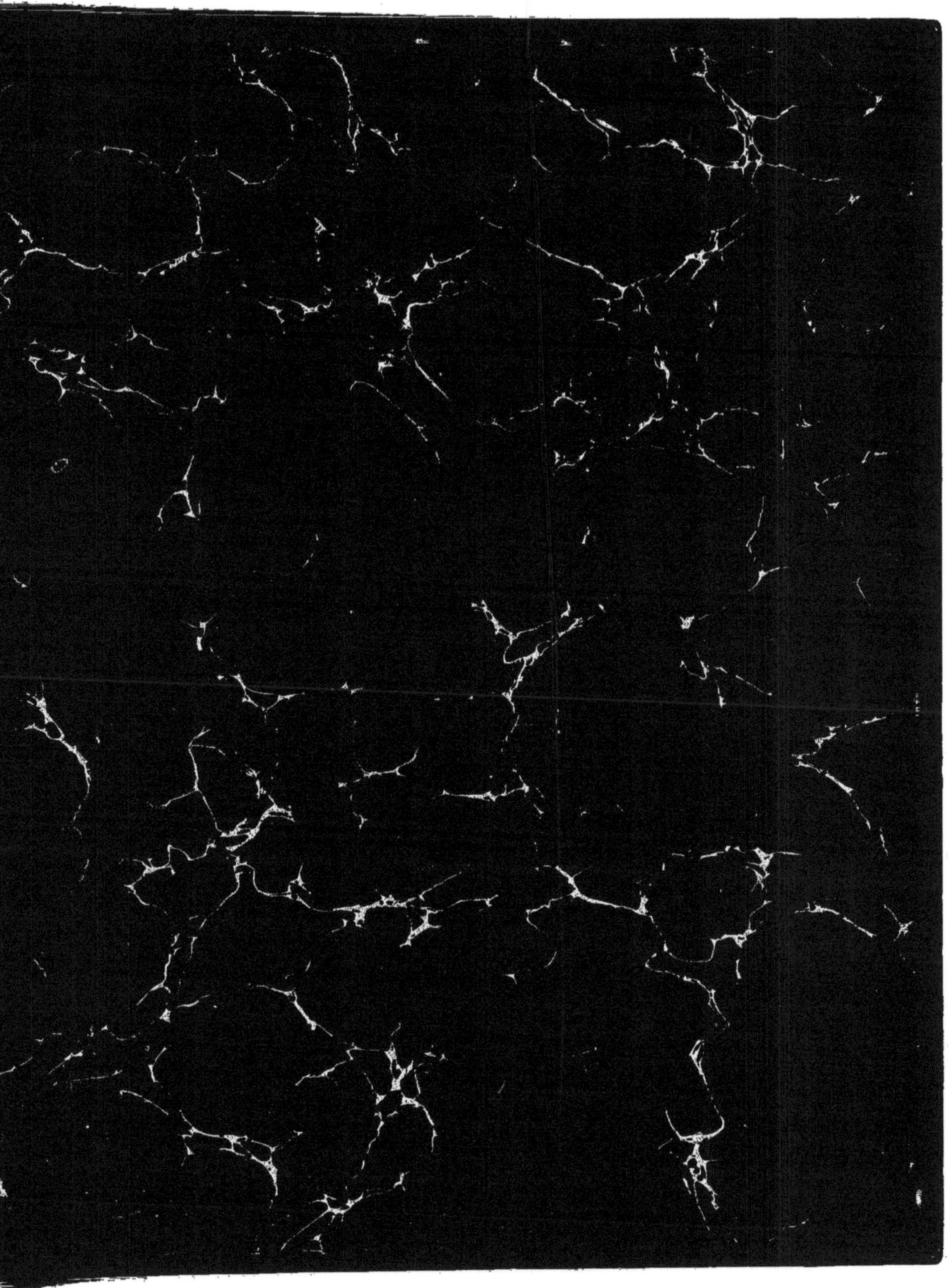

BIBLIOTHÈQUE NATIONALE DE FRANCE
3 7502 01529554 8

www.ingramcontent.com/pod-product-compliance
Ingram Content Group UK Ltd.
Pitfield, Milton Keynes, MK11 3LW, UK
UKHW020317230726
13925UKWH00002B/465